TATSACHEN

Nr. 68

Pochwerk im 16. Jahrhundert

Bernd Rüdiger / Egon Weißflog

Mit dem Bergsegen fing es an

Neue Technik im Erzgebirge in der Frühen Neuzeit

TAUCHAER VERLAG

MIX
Papier | Fördert gute Waldnutzung
FSC® C014138

Rüdiger, Bernd /
Weißflog, Egon:
Mit dem Bergsegen fing es an /
Tatsachen 68
1. Aufl. – [Leipzig]: Tauchaer Verlag 2025
Gerichtsweg 28, D-04103 Leipzig
kontakt@tauchaer-verlag.de
ISBN 978-3-89772-333-7

Herstellung: Sabine Ufer Verlagsherstellung
Printed in the EU

ISBN 978-3-89772-333-7

Inhalt

Vorbemerkungen

Nach Funden von Silbererz im 12. Jahrhundert nahe dem späteren Freiberg, 1471 um Schneeberg sowie am Schreckenberg beim nachmaligen Annaberg im Jahre 1491 schien in Sachsen infolge dieses Bergsegens wahrlich ein „Silbernes Zeitalter“ anzubrechen. Das Edelmetall machte die Landesherren - seit 1500 Herzog Georg - nicht nur reich, angesehen und mächtig, sondern kam dem ganzen Land zugute: Sowohl Handwerk und Handel als auch Ackerbau, Wissenschaft und Kunst florierten. Das Silber diente zur Prägung von Münzen, die in allen Landen wegen ihres hohen Silbergehaltes begehrt waren. Geschäfte ließen sich nun besser realisieren. Kaufleute konnten im großen Stil nicht nur die Produkte der aufstrebenden Gewerbe verhandeln, sondern auch begehrte Importwaren, wie Seide und Gewürze, einführen, von denen viele Menschen bislang höchstens in Märchen gehört hatten. Jeder - auch der Bauersmann - suchte seine Produktion zu steigern, die über den eigenen Bedarf hinaus erzeugten Güter zu verkaufen und mit dem dafür erlösten Geld Dinge für die eigenen höheren Ansprüche zu erwerben.

Städte und Dörfer blühten auf, neue wurden gegründet. Leipzig begann, Erfurt von seinem führenden Platz im mitteldeutschen Handel zu verdrängen, stabile Kontakte mit Nürnberg und damit nach Italien und in den Orient zu knüpfen und geachtete Kaufleute aus den Niederlanden anzuziehen.

Um alle teils sehr neuartigen Aufgaben effektiv bewältigen zu können, erwies es sich zum einen als notwendig, dass ein ganzes Land mit seinen Bewohnern rechnen und berechnen lernen musste. Das war nötig, weil beispielsweise die Erschließung von Bergwerken große Geldmittel verlangte, aber auch das geförderte Silbererz ebenso wie das erschmolzene Metall und die daraus geprägten Münzen exakter Abrechnung bedurften: Der Landesherr setzte mit aller Strenge Genauigkeit durch, weil er am Gewinn beteiligt war, aber auch alle im Bergbau Beschäftigten mussten sehr auf ihren Lohn achten, der sich aus verschiedenen Bestandteilen und Zulagen zusammensetzte. Zugleich war die im Bergbau benötigte Technik zu verbessern. Meisel, Hacke und Schaufel sowie Ledereimer genügten nicht mehr, um den Abbau weniger schwer und vor allem effektiver zu gestalten.

Beide Aufgaben waren eng miteinander verbunden. Für ihre Lösung erwies sich das Erzgebirge als wichtiger Impulsgeber: Auf dem Gebiet des Rechnens auch für den Bergbau leistete der Annaberger Rechenmeister Adam Ries Vorbildliches, und was die neue Technik anging, so wurde hier zwar nicht alles erfunden, aber vieles früh angewendet, ausprobiert und verbessert. So entstanden Grundlagen für den Weg, den Sachsen in den folgenden Jahrhunderten ökonomisch erfolgreich beschritt. Sichtbar gipfelte das im 19. Jahrhundert im hiesigen, deutschlandweit führenden Maschinen- und Lokomotivbau, in der technischen Ausrüstung zahlloser Textilfabriken und im Bau der ersten deutschen Ferneisenbahnstrecke von Leipzig nach Dresden.

Widmen wir uns im Folgenden den schwierigen und zugleich hochinteressanten Anfängen dieser Prozesse insbesondere im 15. und 16. Jahrhundert. Die Beiträge 5 bis 7 schrieb Uhrmachermeister Egon

Weißflog aus Schwarzenberg, die ersten vier Prof. Dr. Bernd Rüdiger (Leipzig), Scans fertigte Maik Häckel (Annaberg) an, Manfred Weidauer (Sömmerda) lieferte eine Abbildung. Alle sind Mitglieder des Adam-Ries-Bundes e. V., Annaberg-Buchholz. Die Autoren diskutierten ihre Beiträge und stimmten sie miteinander ab.

Wasserkunst mit Spillen und Kannen, 16. Jahrhundert

Einfache Hilfsmittel des Kaspar Nützel beim Vermessen am Schreckenberg 1492

Als „Miriquidi" bezeichnete Bischof und Chronist Thietmar von Merseburg um das Jahr 1004 den Landstrich, der das heutige Erzgebirge und Teile seines bewaldeten Vorlandes ausmachte – ein Hindernis zwischen Siedlungsräumen und Völkern. Denn „Miriquidi" heißt „Dunkelwald" bzw. „Finsterwald". Thietmar reflektierte mit dem volkssprachlichen Begriff ältere Benennungen aus Mythen und Sagen für einen Ur- und Grenzwald, also einen Raum, der kaum zu queren, wenig gastlich und nur ungefähr auszumessen war.

Das Erzgebirge im Winter, Blick vom Fichtelberg nach Norden

In diesem Raum haben sich, als der soziale Druck im dichter besiedelten Flachland während des Hochmittelalters zu groß wurde, jedoch nach und nach auch Menschen niedergelassen. Eine der neuentstandenen Siedlungen nannten sie Frohnau, erstmals 1397 erwähnt. Wie aber sollten sich Siedlungswillige in einer derartigen Landschaft auskennen und fortbewegen? Eine wichtige Hilfe spielten hierbei die zumeist von Süd nach Nord abfließenden Bäche und Flüsse, an deren Rändern sie wandern und ihre Dörfer und Städte anlegen konnten. Die Gewässer bildeten sichere Siedlungsleitlinien. Wie Perlen an einer Kette reihen sich an ihnen die Wohnorte.

Das Leben droben war hart. Wer Landwirtschaft betrieb, konnte höchstens Roggen und Hafer sowie Kraut und Rüben anbauen und musste sehen, wie er sein Vieh durch lange und schneereiche Winter brachte. Deshalb sannen die Erzgebirger, wie sie ihr Land besser nutzen konnten – daran knüpften sich die Hoffnungen der Menschen. Einer unter ihnen – Kaspar Nützel – wurde auf besondere Weise belohnt. Chronist Paulus Jenisius berichtete rund 100 Jahre später von einem „Berg, den die Einwohner hiesiger Gegend von alters her ‚Schreckenberg' nannten. Derselbe bildet auf der Seite, wo der Weg von Geyer nach der Stadt [Annaberg] führt, eine Hochebene, auf der anderen Seite aber fällt er steil zur Sehma [einem Fluss] ab." Manche Flächen seien in Feld umgewandelt, die anderen unfruchtbar und zum Bebauen ungeeignet gewesen. Aber „am 27. Oktober 1492 hat am Fuß dieses Berges in lehmigem Boden ein […] Drechsler aus Frohnau, der auch [Kaspar] Nützel genannt wird, einen Silbergang entdeckt. Mit einer Probe davon begab er sich nach [dem Ort] Geyer, wo man darin ein Lot […] Silber fand, wodurch bei vielen die Hoffnung auf reiche Anbrüche erweckt wurde. Da man jedoch die Angabe des Mannes für nicht ausreichend erachtete, ließ man den Fundort zunächst durch Sachverständige besichtigen, die hierauf dem Entdecker den Rat gaben, er möge von […] dem damals zuständigen Bergmeister in Freiberg die Zeche muten. Da solches im Jahre 1492 geschah, so haben von da an für dieses raue unbebaute Gebirge freundlichere Tage ihren Anfang genommen."

Einfach gestaltete sich die Angelegenheit aber nicht: „Erst im fünften Jahre danach, 1496, hat der erwähnte Silbergang Ausbeute gegeben. Als solches ein anderer, welcher nahe dabei am Schottenberge nach Norden zu einen Stollen trieb, inne ward, erhob dieser Anspruch auf das Silber. Da nun deshalb ein Streit entstand, wurden von Herzog Georg [mehrere] als Schiedsrichter […] ernannt. […] Unterdessen wurden noch mehrere Silbergänge durch fleißiges Suchen von Bergleuten, die gelockt von der gehörten Kunde hierhergekommen waren, bloßgelegt und gaben reiche Ausbeute." Ein neues Berggeschrei setzte ein. Doch auf welche Weise fand man ergiebige Stollen?

Ein Zufall kam beispielsweise mehreren Fischern entgegen, die in der Sehma unterhalb des später entstandenen Ortes Buchholz Fische mit Stecken aus ihren Rückzugsgründen in Netze treiben wollten. Hierbei stürzte ein Stück Uferwand ein, wodurch sich ein ergiebiger Silbergang auftat. Vieles geschah zweifellos anfangs ohne Plan und Methode, woraus eben auch Streitigkeiten resultierten.

Grundsätzlich war jedem erlaubt, überall nach Bodenschätzen zu suchen. Solche „Bodenerkundung" geschah meist wenig professionell. Bauern, denen der Boden gehörte, durften das Graben nicht behindern. Dann aber mussten Finder die Fundstelle „muoten". Das mittelhochdeutsche Wort bedeutet „begehren, verlangen, etwas haben wollen" – hier also Bergwerksbesitz zur Ausbeutung von Bodenschätzen.

Die beabsichtigte Mutung musste dem Bergmeister, einem Beamten des Landesherrn für das Bergwesen in der Region, mitgeteilt werden. Dazu hatte ein Vermesser, zunächst wohl ein Mann, der darin einfach etwas geübter als andere war, die Situation über wie unter Tage, also im Stollen, genau zu vermessen, und gegebenenfalls in einer Zeichnung festzuhalten und den Beteiligten mitzuteilen. Im Laufe der Zeit wurden bei solchen Maßnahmen qualifiziertere Markscheider als Vermessungstechniker tätig. Ihr Name leitete sich von der Bezeichnung der Grenze eines Grubenfeldes, der Markscheide, her. Diese Leute mussten sich gut in Geometrie auskennen, um Punkte festlegen und Linien bestimmen oder auch Dreiecke und Abstände vermessen zu können. Durch ihr Tätigwerden sollten sie verhindern, dass Bergleute beim Sich-Vorarbeiten unter Tage auch in fremden Abbaugebieten gruben. Darum übertrugen Markscheider ihre Vermessungspunkte in einen Riss, eine räumliche Darstellung vom Verlauf der Stollen und der verschiedenen Sohlen. Genau genommen vollzog sich die Vermessung von Grubengelände nicht viel anders als das Abstecken der Felder durch Bauern bei der Gründung eines neuen Dorfes und das Festlegen von dessen Flur. Insofern stellten Mutungen die Beteiligten trotz aller Einfach-

Verfahren der Winkel- und Streckenmessung, hier zur Bestimmung der Tiefe eines Brunnens (links) bzw. der Entfernung im Gelände mit Jakobsstab und Quadrant (rechts)

heit der Technik nicht vor unlösbare Probleme bei der Erschließung des Erzgebirges.

Damals verfügten die Menschen zum Festlegen der oberirdischen Grenzen der Zeche über Messinstrumente wie das Hängezeug aus Kompass, Lot, Gradbogen und die Vermessungsschnur, auch Lachterkette genannt. Um einen Zug zu ziehen, wurde eine Schnur straff von Punkt zu Punkt gespannt und an speziellen Firstnägeln befestigt, die die bestimmte Lage der Schnur fixierten. Zu jener Zeit konnte die Himmelsrichtung nur außerhalb des Stollens festgestellt werden.

Häufig musste der Markscheider mit dem Bestimmen von „Streichen und Fallen" die einzuhaltende Richtung von aufzufahrenden Strecken beim Abbau angeben oder, wie man kurz hierfür sagte: „Die Stunde hängen." Stunde bezeichnet im Bergbau die horizontale Richtung der Strecke, abgeleitet von der Stundeneinteilung des Grubenkompasses. Dieser hatte einen Stundenring mit 24 gleichen Teilen, wobei die Stunde 24 nach Norden wies. Der Markscheider spannte dazu die Mess-Schnur von einer Biegung des Stollens bis zur nächsten, maß die Länge und drückte die Schnur in einen Farbkreis. Auf diese Weise konnte er die Winkel messen. War die Strecke in Betrieb, so hatte er den Punkt, von dem aus die Richtung gegeben werden sollte, in der Mitte der Strecke und zwar im First mit einem sogenannten Senkeleisen zu fixieren und daran eine Schnur zu befestigen.

Das andere Ende der etwas schlaff gelassenen, ca. fünf Meter langen Schnur wurde am Streckenfirst so lange verrückt, bis der angehängte Kompass die verlangte Stunde angab. Der derart gefundene zweite Punkt wurde ebenfalls mit einem Senkeleisen fixiert, und an beide hängte man Lote.

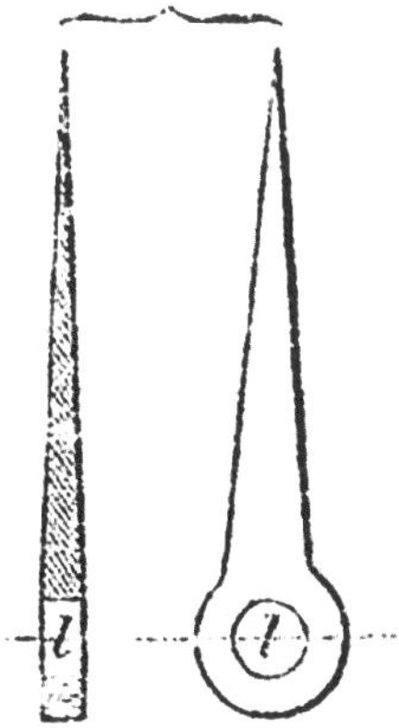

Senkeleisen

Auch konnte ein Grubenlicht in die „gehängte Stunde" gebracht und beim Weitertreiben der Strecke als Anhalt genommen werden.

Messen unter Tage erwies sich auch aus einem anderen Grunde als notwendig, denn wie sonst hätte der Steiger, also der Vorarbeiter, den Häuern einzeln ihre zu bewältigende Aufgabe vorgeben können?

Im Berg diente eine wachsbeschichtete Tafel zum Festhalten von Richtungswechseln. Dazu wurden Zeichen in das

Aufgehendes, d. h. eingerichtetes Bergwerk

Wachs geritzt, die sich auch wieder löschen ließen, wenn man das Wachs erhitzte.

Anwendung fanden im Wesentlichen nur einige wenige geometrische Verfahren. Die Geometrie gehörte neben der Arithmetik zu den in den aufkommenden Lateinschulen und Universitäten gelehrten „Sieben freien Künsten“. Jedoch musste ein Markscheider nicht eine derartige Bildungseinrichtung besucht haben, um seine Tätigkeit ausüben zu dürfen, sondern er konnte sich das nötige Wissen bei einem in solchen Dingen Erfahrenen während einer Ausbildung aneignen.

Das Vermessungsergebnis diente also der genauen Orientierung und Planung in dem gemuteten und zur Ausbeutung zugewiesenen Gelände. Auf diese Weise wurde gewiss auch Kaspar Nützel zur Fixierung seines Bergwerkbesitzes verholfen.

Windmühlen. Teufels- oder Wunderwerk?

Seit dem 12. Jahrhundert hatte der Zuzug von Menschen aus westlich der Saale gelegenen Gebieten in den Raum zwischen Saale und Neiße – und seit dem Ende des Jahrhunderts auch in das westliche Erzgebirge – enorm zugenommen. Es entstand ein Großteil der bis heute hier existierenden Dörfer und Städte. Sogar Gebirgslagen wurden für menschliche Besiedlung erschlossen. Zugleich erfolgte der Einsatz verbesserter Produktionsinstrumente. Die eiserne Pflugschar ersetzte zunehmend den hölzernen Pflug sowie den Spaten beim Feld- und Gartenbau. Auch die Anspannung der Tiere und damit die Nutzung ihrer Kraft wurde wirksamer gestaltet, und der zweirädrige Karren kam zur Anwendung. Das ermöglichte, mehr Menschen zu versorgen, und erleichterte zahlreiche Arbeitsprozesse.

Aber noch immer wurde viel menschliche Arbeitszeit und -kraft benötigt, um Getreide zu Mehl zu verarbeiten. Täglich 500 Gramm davon verzehrte durchschnittlich ein Mensch im vorindustriellen Zeitalter als Brot bzw. Fladen oder Mehlsuppe. Vor allem auf Frauen und Kindern lastete die Bürde, auf Mahlsteinen oder in einer Handmühle die Körner mit einem Mörser zu zerstoßen bzw. zu zerreiben und damit genießbarer zu machen.

Die weibliche Arbeitskraft fehlte aber in vielen Bereichen, so bei der Herstellung besserer Kleidung, der Pflege von Garten und Vieh, auch bei der Wissensaneignung und Kindererziehung. Da bedeutete es eine geradezu tiefgreifende Besserung, als die

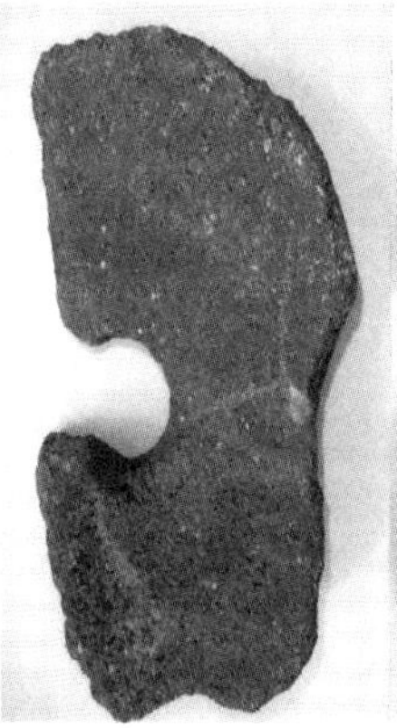

Überläufer einer slawischen Handmühle, ca. 10. Jh., gefunden am Ringwall der sogenannten Hunnenschanze Schkölen um 1995

Nutzung von Windmühlen aufkam. Diese sind eine Erfindung des Orients, auch Griechenland und Rom kannten sie schon. Nördlich der Alpen drehten sich Windmühlen, die eine waagerechte Achse für die Windmühlenflügel besaßen, ab 1180 in Nordfrankreich, Belgien und Südostengland. 1222 bewegte nachweislich die erste Windmühle in Deutschland ihre Flügel: Sie stand an der Burgmauer in Köln. Das Rechtsbuch „Sachsenspiegel" aus dem Jahre 1227 zählt Mühlen zu den durch den Kaiser befriedeten Orten; sie boten Asyl und Mühlenfrieden. Auch galt der Grundsatz: „Wer zuerst kommt, mahlt zuerst."

Das bereits von der Handdrehmühle genutzte Drehmoment, das einen gleichförmigen Arbeitsablauf gewährleistet, wurde nun durch die vom Luftstrom angetriebenen Windflügel erzeugt und über eine Wellenkonstruktion auf Mühlsteine übertragen. Damit ersetzte Windkraft menschliche Muskelkraft. Mit Hilfe dieser Art der Mehlherstellung war es möglich, die wachsende Zahl von Menschen, die seit Ende des 15. Jahrhunderts als Bergarbeiter in den erzgebirgischen Bergbau drängten, mit Brot zu versorgen. Das dafür benötigte Getreide wurde aber nicht im Flachland, von wo es wegen der geringen Erträge im Gebirge herangeschafft werden musste, gemahlen. Mehl wäre während des Transportes in Säcken auf den gebräuchlichen offenen Wagen bei ungünstiger Witterung leicht verdorben.

Windmühlen sind der einzige Technikbereich, auf den Adam Ries in seiner Algebraschrift „Coß" auf Seite 483f. mit einem Rechenexempel eingeht: „Dreÿ Wint muhln stehn vor eyner statt. geth der Wintt, so melt man auff der ersten in 8 stunden 20 schoffel, auff der andern in solcher Zeit 17 schoffel Vnd auf der drittn 15 schoffel. Wie langer Zeit werden 24 schoffel auff gemelten dreyen muhlen gemalenn." Das waren schon große Mengen. Der Text entstand vor dem 18. März 1524, eventuell nach Ries' Übersiedlung 1523 nach Annaberg. Doch gibt er kaum Verhältnisse im Erzgebirge wieder. Das Beispiel, freilich mit anderen Zahlen, findet sich nämlich bereits 1489 in dem in Leipzig erschienenen Rechenbuch des aus Eger stammenden Mathematikers Johannes Widmann: „Behende vnd hubsche Rechenung auff allen kauffmanschafft".

Windmühlen sind im Gebirge Ende des 15. und Anfang des 16. Jahrhunderts kaum nachweisbar. Wenn Paulus Jenisius schreibt, dass Annaberg seit seiner Gründung berechtigt gewesen sei, Getreidemühlen und Schneidemühlen zu erbauen, so deutet die gemeinsame Nennung eher auf Wassermühlen. 1525 ist eine Mühle in Wiesa bei Annaberg erwähnt; sie wird im Zusammenhang mit dem Vorwerk genannt; ob dies eine Windmühle gewesen ist, bleibt ebenso fraglich wie der Charakter, der sich in Zwönitz 1514 oder auch 1552 in Geyer zum Getreidemahlen drehenden Mühlen.

Die Schwarzenberger Herrenmühle am Schwarzwasser war eine Wassermühle zum Getreidemahlen. Sie wurde an der Stelle einer vorher existierenden Mühle 1559 erbaut. Sie besaß nun vier Mühlsteine, davon zwei aus Chemnitz und zwei aus Ellenbogen in Böhmen. Die alte Mühle war mit einem unterschlächtigen und die neue Mühle mit einem oberschlächtigen Mühlrad aus Buchenholz ausgestattet. Dieses ermöglichte eine bessere Ausnutzung der Wasserkraft.

Die Hammer- und Eisenhütten erhielten vom Kurfürsten in der zweiten Hälfte des 16. Jahrhunderts Rechte, darunter das Privileg zum Backen, Schlachten und Schänken sowie zum Betreiben von Getreidemühlen. So gehörte zum Bestand eines Hammerwerkes oft auch ein Mühlengebäude.

Wie ist aber zu erklären, dass im Erzgebirge Windmühlen kaum vorkamen? Aufgrund der engen Täler erwies es sich generell als kein günstiger Raum zum Betreiben von Windmühlen. Hinzu kommt, dass sie nur arbeiten konnten, wie Ries festhielt, „[s]o der wint gehtt". Zwar verbesserte sich seit dem 15. Jahrhundert ihre Konstruktion weiter, als die alten griechischen Schriftsteller wie Archimedes und Heron von Alexandria wieder bekannt wurden und ihre Werke nach Erfindung der Buchdruckerkunst eine größere Anzahl von Interessenten erreichten. Inzwischen stand jedoch die Windmühle in Konkurrenz zur flexibler einsetzbaren Wassermühle, für deren Betrieb die Gebirgsgewässer günstige Voraussetzungen boten, und dieser moderneren Technik wandte man sich offensichtlich im Erzgebirge recht bald zu. Windmühlen wurden nur dort gebaut, wo Wasser-

Windmühle. Die Flügel drehen einen Wellbaum, auf dem ein Kammrad befestigt ist. Die Kammradzähne greifen in einen Trieb (auch als Trilis bezeichnet), das den Mahlstein V dreht, der über einem feststehenden Bodenstein liegt. Über den Trichter T wird das Mahlgut eingeschüttet. Das dabei entstehende Geräusch bringt das Klappern der Mühle hervor. Der Baum R (Welle) im unteren Geschoss kann mit einer Winde gehoben werden, um die verschiedenen Mahlgänge von fein bis grob einzustellen

kraft mit dem nötigen Gefälle nicht zur Verfügung stand. Sie sind lediglich am Rand des Gebirges nachweisbar, wie etwa in Syrau im Westen und Reichstädt im Osten.

Allerdings zeigen alte Sagen um Müller und Mühlen, welche Furcht Menschen vor dem ihnen anscheinend unerklärlichen technischen Geschehen überkam. Die Müller bedurften wegen der komplizierten Konstruktionen nicht selten Hilfe, damit ihre Mühlen am Laufen blieben. Das wurde oft übernatürlich interpretiert, als ob der Teufel für die Menschen schicksalhaft walte. Der Teufel der Sage war hilfsbereit, selbst in Liebesdingen, wie gegenüber einem Müllergesellen der Talmühle bei Roßwein. Er verpflichtete sich bei der bereits 1473 als „die Teufelsmol“ genannten an der Querne bei Querfurt zum Mitwirken am Bau einer neuen Mühle. Er brachte wie in Großsteinberg die Mühle zum Laufen, obwohl kein Wind wehte, bot bedürftigen Müllern wie dem in Gernrode Unterstützung an, war fleißig, schaffte mehr als jeder Mensch und erwies sich als intelligent, indem er sogar für eine nicht mehr gangbare Mühlenkonstruktion eine Lösung fand, um sie wieder mahlen zu lassen. Aber er spukte auch ohne erkennbaren Grund wie in der Katzenmühle bei Buchholz.

Allein die Sache hatte stets einen Haken: Der Mensch, der des Teufels Hilfe in Anspruch nahm, musste dafür teuer bezahlen, in Koselitz mit der Tochter, die der Teufel zur Frau begehrte, in Bautzen damit, dass dem Teufel gestattet werden musste, auf dem 16. Gang Pferdeäpfel zu mahlen. Auch haftete der Müller bei Vertragsbruch mit seinem Leben, generell mit der Seele. Hierin drücken sich manche Erfahrungen der Menschen aus, etwa ihr Ausgeliefertsein gegenüber den Mächten der Natur, der

Zerstörung von Mühlen durch Blitz und Hochwasser, der Behinderung ihres Laufs durch Niedrigwasser oder aber einem Wucherer, der nur für den Augenblick aus einer Klemme half. Jedoch weiß der Volkswitz auch von Situationen, in denen der Müller den Teufel mit List um seinen Lohn zu bringen vermochte.

Windmühle im vogtländischen Syrau

Wassermühlen. Was klug genutzte Wasserkraft leistete und die grosse Wasserflut von 1565 zerstörte

Die natürlichen Gegebenheiten des Erzgebirges boten den Menschen vielfach keine günstigen Arbeits- und Lebensbedingungen. Die reißenden Gebirgswässer haben sie beispielsweise oft genug nicht nur um Hab und Gut, sondern auch ihr Leben gebracht. Dennoch üben insbesondere Fließgewässer seit jeher auf Siedlungswillige hohe Anziehungskraft aus. Annabergs Chronist Paulus Jenisius betonte schon 1604, dass „menschlichem Leben nächst der Luft nichts nötiger ist als das Wasser". Es existiert kaum eine Stadt oder ein Dorf im Erzgebirge, deren Anlegung nicht an einem Fluss- oder Bachlauf erfolgte. Das Leben spendende Nass für Mensch und Tier sowie zum Fruchtbarmachen der Felder, der Fischreichtum der Gewässer, die Möglichkeit zum Betreiben von Mühlen und zum Transport von Gütern auf dem Wasser – etwa des Holzes durch Flößen – sind einige der Gründe dafür, die Nähe von Fließgewässern zu suchen. Über die Zschopau hieß es 1821, sie sei „ein nutzbares, gesundes und fischreiches Wasser […], auch werden auf diesem Strome, verschiedene Bauhhözer […] geführet, so wie das Brenn- und Scheitholz […] geflößet."

Geradezu zu einem wirtschaftlichen Standortvorteil für das Erzgebirge wurde über Jahrhunderte die günstig zu nutzende Wasserkraft. Die Verbreitung der durch selbige angetriebenen Mühlen führte seit dem 11. Jahrhundert zum Aufschwung des

Flusslandschaft bei Crottendorf. Zumeist fließt die Zschopau hier in einer lieblichen Flussaue, ohne Menschen Probleme zu bereiten

Müllergewerbes. Man hatte bald erkannt, was es bedeutete, beim Mehlmahlen nicht mehr abhängig von „launischen" Winden zu sein. Durch die weitere Verdrängung von Handmühlen wurde mehr bäuerliche Arbeitskraft - beispielsweise zur Steigerung der landwirtschaftlichen Produktion - freigesetzt. Als Bau und Gebrauch von Wassermühlen sich verbreiteten, bemächtigte sich auch die Obrigkeit ihrer. Sie nutzte dafür insbesondere die im ganzen Mittelalter gültigen Rechtsinstitute des „Zwing und Bann". Damit zwang sie seit dem 12. Jahrhundert die „Mahlgäste", bei den ihnen gehörenden Mühlen zu mahlen, und bannte alle anderen Mühlen. Für den Gebrauch der (Wind)Mühlen wurde berechnet, dass der herrschaftliche Mühlenherr von jeweils zehn bis zwölf Säcken einen für sich behielt. Der Mühlzwang bedeutete also auch eine mächtige Triebkraft zum Ausbau des Mühlenwesens.

Sehr bald wussten die Menschen das in Mühlen erzeugte Drehmoment auch für andere Arbeitspro-

Mechanismus einer Wassermühle mit Wasserrad B, Rad C, Trieb D, Beutel E (rüttelt über das Trieb D das Mahlgut und erzeugt das Mühlenklappern), Wellbaum F und Mühlstein G

zesse als nur zum Mehlmahlen zu nutzen. Im Erzgebirge entwickelte sich dafür mit dem Aufkommen des Bergbaus ein breiter Bedarf. Seinetwegen suchten und fanden die Menschen neue Nutzanwendungen, die an eine industriemäßige Produktionsweise heranreichten. Der Einsatz von Wassermühlen zum Getreidemahlen bedeutete den ersten Höhepunkt und zugleich den Ansatz für neuartige Einsatzgebiete der Wasserkraft, denn die Umdrehungen, die eine Wassermühle erzeugte, vermochte eine Nockenwelle in Auf-und-Ab-Bewegungen umzuwandeln, mit deren Hilfe eine angeschlossene Pleuelstange – im Bergbau als „krummer Zapfen“ bezeichnet – ein Schlagwerkzeug bewegen konnte: Damit war die moderne Maschine geboren. Die entstandene Kraft konnte man nunmehr für verschiedene Aufgaben einsetzen, zum Beispiel zum Betreiben von Brett- und Walkmühlen, Schmiedehämmern, Blasebälgen, Papiermühlen, Blechhämmern, Vorrichtungen zum Münzschlagen und anderem mehr.

Im Gebirge bekam das Ganze wegen der sicheren Wasserführung der Flüsse und Bäche eine stabilere Basis als im Flachland. An der Würschnitz standen noch zu Beginn des 19. Jahrhunderts 28 Wassermühlen, an der Lungwitz und deren Nebenbächen 47, im Mülsengrund 15, die später häufig zu Fabrikstandorten wurden.

Im Westerzgebirge um Schwarzenberg ist seit dem 14. Jahrhundert Bergbau auf Eisenstein und Zinn bezeugt. Die erste Hammerhütte war der 1380 urkundlich nachweisbare Hammer in Erla bei Schwarzenberg. Zu jener Zeit ist die Technologie der Eisenerzeugung durch maschinelle Hilfseinrichtungen wie mittels Wasserkraft angetriebene Hämmer- und Blasebälge sowie Pochwerke deutlich verändert worden: Um Verluste beim Schmelzen zu verringern, erfolgte die Aufbereitung der Erze vor ihrer Verhüttung. Erz und Zuschlagsstoffe wurden dazu in einem von einem Wasserrad angetriebenen Pochwerk zerkleinert. Rösten über mehrere Tage hinweg erhitzte das erzhaltige Gestein, machte es mürbe und ermöglichte, ungeeignete Stoffe wie Schwefel und Arsen zu entfernen. Dem diente auch das Wässern des Erzes durch ein Sieb.

Zuweilen wurde eine Einrichtung hinsichtlich ihrer wirtschaftlichen Funktion direkt in eine andere umgewandelt. So entstanden in Frohnau an der Stelle einer um 1436 eingerichteten Getreidemühle um 1500 Vorrichtungen zum Erzaufbereiten und Schlagen von Münzen (man deutete dann die kreisförmigen Darstellungen auf den Münzen als Mühlsteine), die ebenfalls die Wasserkraft der Sehma nutzten. Nun konnte das in der Umgebung des Ortes gefundene Silbererz bei Vermeidung schwieriger und gefahrvoller Transporte an Ort und Stelle verarbeitet werden.

An den Flüssen Sehma und Zschopau, ebenso an der Mittweida, dem Schwarzwasser und der Mulde, gab es in so gut wie jeder Stadt und in jedem Dorf daselbst Einrichtungen wie Pochwerke, Hütten, Schmieden, Mühlen, Münzprägestätten und Anlagen in den Zechen selbst. Über deren Umfang informieren Aufzeichnungen vom Jahre 1565 sehr genau. Damals wurden die Schäden aufgenommen, welche eine Unwetter- und damit verbundene Flutkatastrophe angerichtet hatten. Sie zerstörte so gut wie alle Einrichtungen.

Schreckenberger – Engelsgroschen aus dem Frohnauer Hammer, auch Mühlsteine genannt.

Begonnen wurde die Untersuchung in Crottendorf. Das um 1200 gegründete, 1406 erstmals erwähnte und 1559 durch Kauf in den Besitz des Kurfürsten August übergegangene Waldhufendorf zählte damals 105 (Hufen) besitzende Männer (etwa 525 Einwohner), darunter „des [Matthes] Auerbachs Muͤhlen“ und den „Christoff Buͤtner eim Muͤller“.

Auch Walthersdorf wurde als Waldhufendorf um 1200 gegründet und 1367 erstmals in einer Urkunde Kaiser Karls IV. erwähnt. Es zählte 1548/51 24 (Hufen) besitzende Männer und 20 Inwohner (etwa 150 Einwohner). Hier standen „ein steinern Derrhauß“ und die Ober-Mühle sowie die untere Mühle.

Schlettau entstand an einer älteren Straße nach Böhmen um 1200 als Waldhufendorf. Im 13. Jahrhundert ging daraus eine planmäßig angelegte straßenmarktartige Stadt hervor, die 1351 als „Sletyn“ genannt ist. Ende des 15. Jahrhunderts entwickelte sich dort ein Bergbauort, der 1515 als Bergstadt galt. 1548/51 zählte sie 94 (Haus?) besitzende Männer und 37 Inwohner (etwa 550 Einwohner). Hier arbeiteten „Zwey Buchwerge“ [Pochwerke].

Buchholz war zunächst die Bezeichnung eines Waldes. Hier entstand seit 1496 die Bergbausiedlung St. Katharinenberg im Buchholz, aus der 1501 bis 1515 ein planmäßig angelegtes Bergstädtchen hervorging. Es gehörte bis 1547 der ernestinischen, danach der albertinischen Linie der Wettiner und zählte 1552 mit 263 (Haus?) besitzenden Männern und 49 Inwohnern insgesamt ca. 1400 Einwohner. Es besaß den „S. Dorothea Stolln“ mit „S. Dorothea Stollens Buchwerg“, „Das Buchwerg auff der achten massen / so […] new gebaut“, mit „Gezeug“ [Handwerkszeug], „Merten Tellers Puchwerg“, „Item ein Kolhauß sampt den Kolen vnd forne etlich Zeuge“, auch „Frantz Ruͤdel den einen Zeug vnd […] Puchwerg“. Bemerkenswert ist, dass Franz Rudel eigentlich ein Bäcker in Buchholz war, aber auch der Onkel von Josua Habermehl, einem Instrumentenbauer in Prag bei Kaiser Rudolf II. Die Vermutung liegt nahe, dass Habermehl Ratschläge zum Bau und Betreiben des Werkes gegeben hat. Ferner existierten in Buchholz „Guͤnter von Bunaw Buchwerg“, „Des Staffels Erben alt Buchwerg“, „Item ein Kolhauß bey der Huͤtten sampt den Kolen“, „Das ander Kolhauß“, „beide Huͤtten“, „In des Churfuͤrsten Huͤtten ein Puchwerg“ und „Die Muͤle so daran ist [...] vnd die Radstuben“ [Hütte oder Gehäuse für das Wasserrad oberirdisch oder im Schacht].

Annaberg entstand nach Silberfunden am Schreckenberg seit 1493. Der geordnete Bau begann 1496, ab 1501 galt der Name Annaberg. Im Jahre 1530 zählte der Ort 896 (Haus?) besitzende Bürger, 424 Hausgenossen und -paare sowie 497 Dienstboten (etwa 7150 Einwohner). Hier standen „alle Wehr“, „dem Lorentz Schreiner sein puchwerg“, „des Herrn Asmus Roͤhlings Huͤtten“, „Dem Jochim Wescher [...] puchwerck“, „Fraw ... Vtmannin / die Kolheuser [Hütten für die Lagerung von Holzkohle] [...] Roͤste [zum Erhitzen der Erze] [...] sampt dem Ertze [...] / an jrer Huͤtten“, „einen grossen Schlackenhauffen“,

Buchholz 1628. Im Vordergrund, Mitte, sind am Flüsschen Sehma Mühlengebäude sichtbar

„Schmeltzhůtten / welche Peter Hőckner zuuersorgen / […] nemlich zwo Hůtten / zwey Heusser / ein Kolhauß / ein Buchwerg / vnd ein Gestůbhauß", „Einen Eisern Treibhut [Deckel auf einem Schmelztiegel] ongefehr von zweintzig Centnern […] auß der Hůtten", „zu Fronaw […] die Můhle", „einer witfrawen die Pezelin genant / das Sparwerck", „Wolff Silber einem Schmiede seine schmitte mit Ambosen vnd […] vorrath", „Hans Rieß ein Gerber sein Hauß mit einer Lomůle welchs er neulich gebawt […] Vnd aldo […] Blaßbålge / Kesten / Almeten [Schränke, Kästen?] vnd anders mehr", die „vmtern Hůtten dorinne Jochim Linck Hůttenschreiber ist / hat es an einem Puchwerg", ferner die „vnter Můlen", eine „Hůtten so Leupold Holtzschuchs […] [mit] Vorhauß sampt den Rősten", „Auf der andern dritten maß nach der Gottes gabe im hangenden […] Puchwerg", „Item des Christoff Gotschalcks Puchwerg in der Spittal Wiesen", „Des Herrn Chrisostomi Schůtzen Puchwerge", „Den Orgel Stollen [mit] zweyen Puchwergen", „Auff der nechsten maß nach der Gottes gab im liegenden [d. h. unter einem Stollen] / vnnd der fůnfften maß im hangenden / […] die Ertzkamern", „Auff der 8. 9. Vnd 10. maß nach der obern Gotes gnad / das Zechenhauß [auch Huthaus genannt] Kammern vnd Ofen", „Auff der Fundgrube vnd dritten maß nach der Gottes gab im hangenden / das Zechenhauß vnd zwo Ertzkammern", „An der nechsten maß […] ein Fewresse an einer Schmieten", „Des Eytelbősen Schmitte […] mit allem vorrath", „Die Pallirmůhle" [Poliermühle], „Des Balthasar Schneiders Puchwerg". Das war insgesamt ein sehr beachtliches industrielles Potenzial.

Dörfel, ein um 1200 gegründeten Waldhufendorf, das 1411 erstmals als „daz Dorffichin" erwähnt ist, zählte 1559 24 (Hufen) besitzende Männer (etwa 125

Idylle an der Zschopau bei Hermannsdorf

Einwohner). Hier gab es von „dem Richter ein new Buchwerg".

Hermannsdorf, ebenfalls um 1200 als Waldhufendorf gegründet und 1460 ersterwähnt, zählte 1548/51 42 (Hufen) besitzende Männer und 10 Inwohner, darunter Bergleute (etwa 225 Einwohner). Hier lagen von „dem Richter ein new Buchwerg" und die „Můhlen zu Hermerßdorff".

Tannenberg, als Waldhufendorf um 1200 angelegt und 1411 zuerst erwähnt, zählte 1551 23 (Hufen) besitzende Männer und 23 Gärtner, also Hauseigentümer mit einer Gartennahrung, (etwa 230 Einwohner). Es gab „die Můhle", „Buchwercken", „die [zweite?] Můle [...] mit můlsteinen" [also eine Getreidemühle], „Můller in der vntern Můle" und „im Anger gar ein new Buchwerge".

Schönfeld, um 1200 als Waldhufendorf angelegt, ist 1501 erstmals erwähnt. Der Ort zählte 1551 29 (Hu-

Rittergut Schönfeld

fen) besitzende Männer und 27 Inwohner (ca. 175 Einwohner), darunter „Hans Můller", und besaß eine „Můle" mit „Vorhauß". Im Jahre 1553 kam das Rittergut durch Kauf in den Besitz des Stadtrates von Annaberg.

Das Waldhufendorf Wiesa entstand um 1200 und wurde 1389 als „von der Weßen" mit Herrensitz erwähnt. Die Ortslage erstreckt sich beiderseits des Flusses Zschopau. „Ehedem gab es, wie noch viele Halden und Bůngen zeigen, starken Bergbau hier." Im 15. Jahrhundert bekam Wiesa durch den Silberbergbau großen Bevölkerungszuwachs. 1539 kaufte der Annaberger Rechenmeister Adam Ries das „Vorwerk bei der Wiesen" zur Bewirtschaftung, ohne jedoch dauerhaft in dem Ort wohnhaft zu werden. Dieser zählte 1551 59 (Hufen) besitzende Männer und Häusler (Hauseigentümer ohne Feldbesitz, die sich von Lohn- oder Gewerbearbeit ernährten)

Hochwasser in Wiesa 1932 mit einer Ölmühle am Uferweg.

sowie 43 Inwohner. Das waren haus- und grundbesitzlose Hausgenossen bzw. Einmieter, Dienstboten, Knechte, Mägde. Insgesamt zählte der Ort ca. 340 Einwohner. Hier standen „zwey Puchwerg" „vnnd eine Schmeltzhuͤtten" sowie „des Huͤnerkopffs Mülen". [Hühnerkopf war ein Annaberger Bürger]. Sie boten Einwohnern Arbeit, zumal die Flur teilweise auf steilen und steinigen Bergen liegt, was die Landwirtschaft weniger ertragreich machte.

Kurz vor 1200 entstanden Burg und Burgflecken Wolkenstein. Im 13. Jahrhundert entwickelte sich der Ort zum Städtchen. 1395 standen „die Bergwercke zu Wolckenstein in gutem Ansehen". Der Ort zählte 1551 174 (Häuser?) besitzende Männer und 72 Inwohner (ca. 950 Einwohner) und besaß „Schmelzhuͤtten zum Wolckenstein", „Die Lohmuͤle [zum Zerkleinern pflanzlicher Gerbmittel, z. B. Fichtenrinde] vnd Walckmuͤhle" [zum Verdichten von Geweben], eine „Mahlmüle", „das Huͤttenwehr", einen „Huͤttenplatz" und „sechs Meyler bey der Huͤtten zum Wolckenstein [...] welche angezuͤndt gewesen", zur Produktion von Holzkohle.

Auch diese Entwicklungen zeigen: Als im 15. Jahrhundert Sachsen in eine Phase enormen wirtschaftlichen Aufschwungs in allen Bereichen eintrat, wurde mit dem Erzgebirge ein ganzer Landstrich durch gewerbliche Anlagen geprägt, die hinsichtlich ihrer Struktur weit über die von Handwerksbetrieben hinausreichten. Von ihnen besaßen nicht nur die Städte eine große Anzahl, sondern auch zahlreiche Dörfer. Wassermühlen und die darauf aufbauenden Einrichtungen stellten die fortschrittlichsten und produktivsten Arbeitsinstrumente dar, die Mittelalter und Frühe Neuzeit hervorbrachten. Die Vielzahl der zu einem Ort genannten Pochwerke ist sicher beeindruckend, lässt jedoch auch vermuten, dass die Produktionsprozesse wenig konzentriert waren und sich – teilweise wenigstens – in relativ kleinen Produktionsstätten abspielten. Allerdings hatten die die Anlagen betreibenden Müller wie die Besitzer von Bauerngütern in die kurfürstlichen Ämter zu zinsen.

Enorm war jedoch der Verlust an technischen Anlagen auf Grund von Naturkatastrophen wie dem Hochwasser von 1565. Aufgeführt sind neben den abgesoffenen Bergwerken Schäden an bergbaulichen Folgeanlagen wie Radstuben, Pochwerken, die teils erst „newlich zugericht vnd new gebaut“ worden waren, „Huͤtten“, „Kolheuser“, „die Roͤste“, „Einen Eisern Treibhut [Treibeherd]“, „Schmeltzhuͤtten“, „ein Gestuͤbhauß“, Teiche und Wehre. Verschiedentlich hatte es größere Komplexe von Anlagen betroffen, von denen vieles „nicht mehr gebraucht kan werden“. Zuweilen war die Zerstörung eines Objektes derart, „das man auch nit spuͤren kan wo es gestanden“.

Vieles wurde danach wieder neu errichtet, und weitere Anlagen kamen hinzu. Bis zum 18. Jahrhundert blieb Sachsen auch dank der mit Wasserkraft betriebenen Anlagen im Erzgebirge das führende Land auf dem Gebiet der Wirtschaft in Deutschland. Erst

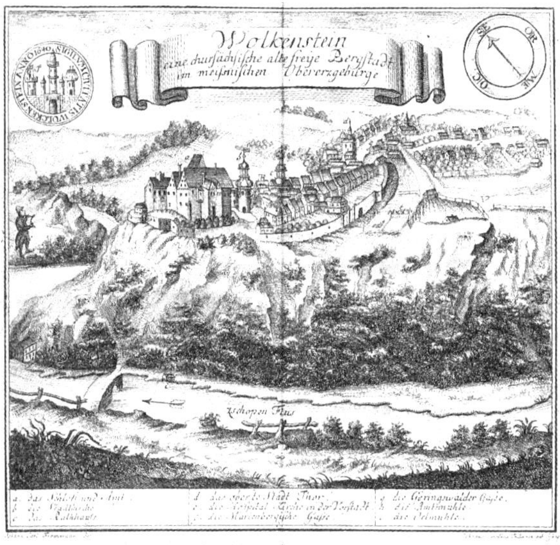

Wolkenstein mit Amtsmühle (h) und Ölmühle (i) 1781

als die Kohle den Betrieb von Dampfmaschinen ermöglichte, konnten andere Gebiete dank ihrer Nähe zu Weiterverarbeitern, ihrer einfacheren Anbindung an das Hauptstraßen- und später das Eisenbahnnetz aufholen. Anlagen im Erzgebirge vermochten dagegen oft wegen der veralteten Technologie, unrentabler Ausnutzung der Wasserkraft mittels des Wasserrades, wegen des Mangels an Brennstoffen (Holz), des Endes des Bergbaus als Hauptauftraggeber, der Randlage und erdrückender Konkurrenz großer Hüttenwerke nicht Schritt halten. Sie gingen ein, oder sie stellten sich völlig um.

Modernste Technik: Die Göpel

Seit eh brachten die Wasserführung und vor allem der Einbruch von Niederschlagswässern insbesondere nach Unwettern große Probleme für den erzgebirgischen Bergbau. Die in den Berg eindringenden Wässer behinderten nicht nur den Abbau schwer, sondern gefährdeten auch die Menschen. Zudem setzte etwa mit dem 15. Jahrhundert die „Kleine Eiszeit" ein. Sie begann in vielen Gegenden Deutschlands mit einer Dekade nasser und kühler Sommer. So kam es im Raum der Zschopau nachweislich im Februar 1404 zu Überschwemmungen. Weitere Hochwasser des Flusses folgten 1431, 1432, 1433 bis 1437. Auch 1440, 1442, 1443, 1445 bis 1447, 1449 und 1451 kamen die Menschen an der Zschopau wegen Hochwassers in große Sorgen. Dabei ist die zunehmende Dichte der Ereignisse unübersehbar.

Weit beträchtlicher noch waren Umfang und Schäden, die das Wasser im 16. Jahrhundert anrichtete. So kam es 1511, 1512, 1515 und 1517 zu großen Hochwassern. „In diesem Jahr gabs viel zu reden von der Schneebergischen großen Waßer Fluth, die dem Bergwerck viel geschadet". Zum Buchholzer Raum hieß es: „Ein naßer Sommer verursachete, daß das Sehmwasser von einem anhaltenden Regen sich sehr ergoße und Brücken, Holz und Häuser und was ihme sonst nahe war, wegriße."

Ebenso kam es in den Folgejahren zu dramatischen Situationen. Im Juli 1542 ersoffen Bergwerke um Annaberg. Das wiederholte sich 1551: „Zu Pfingsten hat es im ganzen Gebürge und Lande [...] große Waßer-

Sintflutartige Regenfälle im Erzgebirge am 21. Juli 1565

fluthen gegeben, die sonderlich dem Bergwerck viel geschadet." Über Ereignisse des Jahres 1560 berichtet Abraham Ries, der um 1533 geborene Sohn des Rechenmeisters Adam Ries, an Kurfürst August im März 1561: „So kan […] ich […] nicht vorhalten, das den vergangenen Sommer durch großes gewiesser vnd wasserflute, meine teuchlein [Teichlein] zerrissen [,] die fisch hinweg gefürt worden, vnd ein großer schade mier wiederfharen vnd Jerlichen deßen gewartten mus […]." 1563, „[z]u Pfingsten [Pfingstsonntag war am 30. Mai] gab es wieder große Waßer-Fluthen, welche an manchem Ort dem Bergwerck geschadet".

Und dann der 21. Juli 1565! In der verfrüht einsetzenden Hochsommerphase, die länger als üblich anhielt, kam es zu großer Hitzeentwicklung und Trockenheit. Im Verlauf lokaler Gewitter traten Starkregen auf. Ein Wolkenbruch bei Annaberg führte zu einem Hochwasser der Zschopau, wie es die

Menschen noch nie erlebt zu haben glaubten: „nach mittage vmb 2. vhr / hat Gott lassen ein schreckliches Wetter kommen / vnd als balde darauff folgen ein mechtigen Platzregen / dauon die Wasser sich ergossen [...] vnd grossen schaden gethan haben." Die 1560er-Jahre sahen den ersten Höhepunkt der „Kleinen Eiszeit"!

Schon in weniger regenintensiven Zeiten stellte die Wasserhaltung, vor allem der Abtransport des in die Gruben laufenden Wassers ein ständiges Problem für den Bergbau dar. Dessen weitere Fortschritte hingen davon ab, ob es gelang, in größere Tiefen vorzudringen. Wichtige Voraussetzungen, wie die Beherrschung von Schachtbau, Stollenbau und Erzförderung waren dafür gegeben. Aber auch des mit der Tiefe zunehmenden Wassers musste man Herr werden. Sofern die Geländestruktur es ermöglichte, konnten sich die Bergleute mit Ablaufsystemen helfen. Das Ausschöpfen der Gruben mit aus Leder gefertigten Eimern und deren Hinausbefördern über Leitersysteme oder mittels Handhaspeln stellte jedoch eine Sisyphusarbeit dar. Hebewerke in Form unendlicher Ketten erlaubten laut Georgius Agricola, Wasser aus Tiefen bis zu 14 Meter und mit von Menschen bewegten Tretmühlen bis zu 20 Meter zu heben. Handhaspeln, Zug- und Hubwinden zur Betätigung von Zug- und Förderseilen wurden schon seit Anfang des 12. Jahrhunderts eingesetzt, waren aber auch nur bis zu 40 Meter nutzbar. Das reichte nun nicht mehr aus.

Hier brachte Technik Abhilfe, die schon im 3. Jahrhundert v.u.Z. in Ägypten bekannt war und um 1300 für Kutná Hora erwähnt wurde, wonach „Pferde, Seile und anderes Material zum Wasserschöpfen" dienten. Diese Technik, das (Pferde)Göpel oder „Roßwerk", aber ebenso das von Ochsen oder

Göpel einer sogenannten Ochsenmühle

Menschen angetriebene Göpel, verbreitete sich in Bergbaugebieten Deutschlands, und zwar - ebenfalls laut Georgius Agricola - zuerst im Erzgebirge, wo es 1504 in Schneeberg erstmals praktisch genutzt worden ist.

Der Göpel stellte die einfachste Maschine dar, bei der Muskelkraft als Zugbewegung von im Kreis laufenden Tieren (oder Menschen) auf eine waagerechte Achse (einen Hebel) übertragen wurde. An sie waren die Pferde angeschirrt. Der Hebel war an einer vertikal stehenden, an den Enden drehbar gelagerten, hölzernen Welle befestigt, die so ebenfalls gedreht wurde. In ihrem oberen Bereich war der Treibkorb angebracht. Auf ihm wurden die Förderseile oder Förderketten gegensinnig aufgewickelt. Dadurch konnten gleichzeitig zwei Lasten in unterschiedlicher Richtung bewegt werden.

Muskelkraft wurde also beim Göpel in eine Drehbewegung umgewandelt. Dann erfolgte deren Rückwandlung in eine geradlinige Bewegung. Über diese Göpel schrieb Agricola: „Gezeuge so Berg und wasser heben / seind viel / und mancherlei formen / und etliche auß jnen sehr künstlich." Mit dem Göpel konnte nun Wasser aus Tiefen bis zu 70 Meter gehoben werden. Das ergab völlig neue Möglichkeiten für den Abbau. Gab Agricola die durchschnittliche Tiefe eines Schachtes noch mit um die 30 Meter an, so beschrieb Erasmus Reinhold, Professor der höheren Mathematik in Wittenberg, in der Mitte des 16. Jahrhunderts Teufen von bis zu 100 Meter.

Der Aufwand war jedoch groß, denn je acht Pferde waren vier Stunden im Einsatz, sodass 32 Pferde für ein Hebewerk zur Verfügung stehen mussten. Eine Herausforderung blieb dessen technisch möglichst effektive Konstruktion. Dazu gab es viele Vorschläge. Der Pferdegöpel stand auf einem Fundament, dem Göpelstock. In ihn war eine Vertiefung, die Pfanne, eingelassen, in der sich der untere Zapfen der Hauptwelle frei dreht. Diese Pfanne, das Zapfenlager, bestand aus Stahl. Es wurde zur Verringerung von Reibungsverlusten stets gut geschmiert. Da Göpel und die anzutreibende Maschine räumlich voneinander getrennt lagen, waren sie durch eine Welle über eine Zahnradkonstruktion miteinander verbunden. Dafür wurde an der Göpelwelle ein umlaufender Radkranz angebaut, in den hölzerne Pflöcke eingelassen waren. In diese griffen die Pflöcke eines kleineren mit der Transmissionswelle verbundenen Rades. Auch wurden, weil die Tierbewegung nur eine geringe Umdrehungszahl der Welle erzeugte, bei Benötigung höherer (oder niedrigerer) Drehzahlen die Umdrehung der Hauptwelle über eine Zahnradübersetzung in andere Drehzahlen umgewandelt. Hinzu kam, dass beim Bau der Göpel viele teils überflüssige Bauelemente verwendet wurden, was sie schwerfällig machte und trotz einer Leistung von nur wenigen PS zu enormen Abmessungen führte. Auch blieben die Göpel sehr störanfällig, denn sie bestanden ja meist aus Fichtenholz. Deshalb wurden bald besonders beanspruchte Teile wie die Welle, die genügend Festigkeit für die Drehbewegungen besitzen musste, auch aus Eichenholz, Weißföhre, Schwarzföhre oder Lärche gefertigt. Durch Weglassen überflüssiger und Einbau verbesserter, weniger störanfälliger Bauteile teils aus Eisen ließen sich Mängel beheben.

Die Maschinen wurden größer und erlaubten daher, ein Mehrfaches der primär wirkenden Kraft auszunutzen. Die Konstruktionen wurden zugleich leichter und stabiler und der Wirkungsgrad der Göpel deutlich erhöht.

PRIVILEGIERTE WASSER-„KÜNSTE“

Seit den 1560er-Jahren sanken die Erträge im Annaberger Bergbau rapide. Ein Ausweg konnte, wenn überhaupt, nur sein, noch weiter in die Tiefe des Berges vorzudringen und dafür die Hebezeuge weiter zu verbessern. In dieser Richtung wurden Hiesige selbst aktiv und bemühten sich neuartige „Wasserkünste“ zu konstruieren. Das ist vor allem dadurch bekannt, dass sich ein Erfinder zugleich darum bemühen musste, Schutz vor Missbrauch seiner Ideen zu erlangen. Es war der Kaiser, der mittels seiner Privilegien geistige Leistungen im Heiligen Römischen Reich Deutscher Nation vor Nachahmung schützen konnte. In den Jahren 1545 bis 1591 haben Kaiser dreizehn Privilegien für Wasserkünste vergeben, davon bezogen sich drei auf Anträge aus dem sächsischen Erzgebirge.

Zwei seien hervorgehoben. So schrieb am 7. September 1570 Kurfürst August von Sachsen aus seiner in Weidenhain bei Torgau gelegenen Jagdhütte in solcher Angelegenheit an seine Räte in Speyer, die daselbst die landesherrlichen Interessen auf dem unter Kaiser Maximilian II. abgehaltenen Reichstag wahrnehmen sollten. Seiner Weisung war die Kopie eines Privilegs des Kurfürsten für seinen Oberbergmeister Markus Röhling in Annaberg beigefügt. Dieser Röhling übte sein Amt seit 1553 aus und war sicher mit Abraham Ries, dem Sohn des Rechenmeisters, bekannt. In dem Privileg nun wurde Röhling bestätigt, dass er eine Kunst gebaut habe, die nicht nur Bergwerken, sondern auch Schlössern, Städten und Anderen merklichen Nutzen bringe.

Leider geht aus diesem Privileg nicht hervor, welche Kunst damit gemeint war, aber die Vermutung liegt nahe, dass es sich um eine sogenannte Wasserkunst gehandelt hat, die Bergwerke in die Lage versetzen sollte, das Wasser aus den Schächten zu bringen.

Das schien von grundlegender Bedeutung! Hier konnte sich ein Ausweg aus der Misere des Annaberger Bergbaus auftun, denn der Kurfürst bescheinigte Markus Röhling, dass zum Ausgleich seiner Mühen und Kosten diese Kunst innerhalb von zehn Jahren ohne seine Zustimmung nicht nachgebaut werden dürfe und bei einem erlaubten Nachbau ihm der halbe Teil der ersparten Kosten zustehe. Sollte diese Kunst aber ohne Erlaubnis nachgebaut werden, so war eine Strafe von 1.000 Gulden fällig, welche je zur Hälfte Röhling und der kurfürstlichen „Renthcammer von dem Verbrecher, so offt er da wiederhandelt", gezahlt werden musste. Dieses Privileg ist ebenfalls unter dem 7. September 1570 datiert.

Da aber der Kurfürst nur für seinen Machtbereich wirkungsvoll ein derartiges Privileg erteilen konnte, es jedoch „die Notturft erfordert", vom Kaiser Schutz für das gesamte Reich zu erhalten, wurden die kurfürstlichen Räte beauftragt zu erreichen, dass ein diesbezügliches Privileg noch vor dem Ende des Reichstages „gefertigt und erledigt" werde. Dieses Privileg könnten dann die Räte „uff der Post hereinschicken, oder selbst mitbringen". Da diese Schriftstücke im Österreichischen Staatsarchiv überliefert sind, ist davon auszugehen, dass Markus Röhling die erbetene Gnade erhalten hat.

Damit war jedoch das Bemühen um die Entwicklung effektiver wirkender Apparaturen zum Heben des Wassers aus den Gruben keineswegs beendet.

Schon wenige Jahre später wandte sich Heinrich von Elterlein aus einer intensiv im Bergbau engagierten Annaberger Familie an den Kurfürsten. In einer undatieten Supplik (Bittschrift) an August von Sachsen gab der von Elterlein an, dass er eine neue Art von Kunst zum Wasserheben errichtet habe, welche mehr fördern könne als die bisherigen. Da er die Gefahr sah, dass sich Fremde unterfangen werden, diese Kunst nachzubauen, bat er den Kurfürsten, beim Kaiser um eine Freiheit (Privileg) in dieser Sache nachzusuchen. Der Kurfürst kam Heinrichs von Elterlein Bitten um eine Supplik an „Rudolffen dem andererrn“ (Rudolf II.) nach und schrieb, dass der Bittsteller eine neue Wasserkunst errichtet habe, welche in den Bergwerken „ethwas mehrers und gewaltiges dan mit denen bißhero üblichen Künsten und Zeugen“ ausrichten könnte. Dann bat er Rudolf II. um eine kaiserliche Freiheit für seinen Untertanen, damit eine solche Kunst nicht nachgemacht werden dürfe bzw. bei einem Nachbau dieser Kunst der Betreffende sich mit Heinrich von Elterlein in „billigkeit vergleichen“ müsse. Kurfürst August unterstrich seine Bitte mit den Worten: „So zweifle Ich gar nicht Eur. Kay: Ma: werde Ihr allergnedigst gefallen lassen, Das durch diese und dergleichen erfindung die Uncosten dem Bergwerks Herrn und gemeinen gewerben zum Besten geringert werden mögen.“ Dieses Schriftstück hat der Kurfürst eigenhändig unterschrieben; es wurde am 30. November 1577 aus Dresden abgeschickt. Die erbetene Freiheit hat Kaiser Rudolf II. als „Decretum per Imperatorium“ am 30. Mai 1578 erteilt.

Am 23. Oktober 1578 kam die Nachricht aus Prag, dass der „Supplicant“ (Bittsteller) nicht nur einen Bericht, sondern auch eine gebührliche Probe des Werkes tun solle. Dem genügte Heinrich von Elterlein Ende 1578 / Anfang 1579. Dieses Schriftstück ist im Unterschied zu anderen Berichten sehr konkret.

Nur die notwendigsten Anredefloskeln werden verwendet, und nach dem ersten Satz kommt Elterlein sofort zu seinem Anliegen, nämlich der „gebürliche[n] Prob“ nach erfolgter Dekretierung. Dazu führte er aus, dass diese Erprobung seiner Kunst schon vor seiner Antragstellung in Elterlein durchgeführt worden sei, wozu er folgende Angaben machte: Heinrich von Elterlein hatte im Ort Elterlein mit anderen Gewerken ein „Kieß Gebäude“ von seinen Vorfahren geerbt, und diese Zeche besaß eine Wasserkunst: eine „Scheiben khunsten und krummen Zapfen“. Als Scheibenkünste wurden Pumpen aus Holzröhren bezeichnet. Am unteren Ende der Hubstange war eine runde Scheibe mit Löchern befestigt und über den Löchern ein Leder angebracht, das als Ventil wirkte. Diese runde Scheibe gab der Kunst den Namen. Der krumme Zapfen war eine kurbelförmige Einrichtung, die über eine Pleuelstange die kreisförmige Bewegung des Rades in eine Hin- und Herbewegung umwandelte.

Die folgende Beschreibung seiner Kunst bleibt unklar. Es wird angegeben, dass sich in 100 Lachter (197 m) Tiefe eine Radstube befände, die aber 450 Lachter (882 m) von der „gemelten Zeche“ entfernt sei. Die Bewegung des Rades werde über eine Gestängekunst „auf dem Land mit ledigen gestengen solche 450 lachter geführt werden“. In der Radstube war ein oberschlächtiges Wasserrad mit einem Durchmesser von 4 Lachtern (7,85 m) eingebaut. Mit dieser alten Kunst würde man den Angaben Elterleins zufolge „von der Handt nicht mehr dan 10 Zoll hub Aufs Wasser bringen mögen, Welches in 100 lachter Under dem Stollen gestanden, Unnd hat solcher Zeüg In den 450 lachtern Je Und Je ein halbe eln oder 12 Zöll hub verloren“. Das Rad erzeugte somit einen Hub von 22 Zoll (= 51,26 cm),

Herstellung und Anwendung von Pumpen
(Scheiben- oder Röhrenkunst).
Links unten sind die Bestandteile eine Pumpe abgebildet.

wovon jedoch an den Pumpen nur 10 Zoll (23,3 cm) ankamen.

Nun folgt das Entscheidende: „Dargegen Ich mit disem Newen Werckh Eben mit demselben Rath Wasser Vnnd gestenge Inn die Vorige Tieff alß 100 lachter 30 Zöll hub gebracht, ohne last und Beschwerung, Vnnd haben solche Zeuge dermassen Ire arbeitt daß dieser Inn der streckhe, wo der Vorige 12 Zöll Verloren, dieser nicht Wol 4 Zöll Verleüst, daß Nuhmer ein Rörwergkh sovil Wasser hebt Weder zuuor zwejj." Mit seinem neuen Werk hat also Heinrich von Elterlein an dem Rad einen Hub von 30 Zoll (70,8 cm) erreicht, und der Verlust vom Rad zu den Pumpen lag nur noch bei 4 Zoll (9,4 cm). Somit waren an den Pumpen noch 61,4 cm Hub vorhanden, wodurch ein Röhrenwerk so viel Wasser heben konnte, wie zuvor zwei.

Die Entfernungsangaben sind mit Vorsicht zu betrachten. Die Lage einer Radstube in 196 Metern Tiefe ist zu bezweifeln. Es könnte aber sein, dass es sich um eine Radstube an einem Bach mit dieser Höhenangabe unter der Zeche handelte und von dieser Radstube bis zur Zeche, vermutlich dem Berg hinauf, das Gestänge über das Feld führte. Der Begriff Radstube kam erst in späterer Zeit auch für eine unterirdische Kammer auf.

Die Verbesserung erreichte Heinrich von Elterlein dadurch, dass er an dem Rad einen größeren Hub bewirkte und die Verluste durch das lange Gestänge minimierte. Allerdings war die Länge mit ca. 880 Metern ungewöhnlich (1735 hieß es, dass Stangenkünste auf eine Entfernung von 50 bis 800 Lachter schieben und der krumme Zapfen einen Hub von einer Elle (1579 in Sachsen 1 Elle = 56,8 cm) erreicht). Mit diesem Bericht über die durchgeführte Probe in Elterlein hatte sich vermutlich die Anfrage aus Prag erledigt.

Im Unterschied zu den zuvor Genannten besaß ein weiterer Supplikant, Josua Habermehl, keinen direkten Bezug zum Bergwerk. Allerdings waren sein Großvater in Annaberg und sein Vater in Buchholz als Schmelzer mit der Materie vertraut. Es ist außerdem ein Briefwechsel erhalten geblieben, in dem Habermehl sich mit der Wasserkunst-Problematik beschäftigte. 1580 schrieb er aus Buchholz an Kaiser Rudolf II. Nachdem er von 1564 bis 1572 in Straubing und von 1576 bis wahrscheinlich 1579 in Regensburg als Goldschmied und Gerätemacher tätig gewesen war, hielt er sich wieder in seiner Geburtsstadt Buchholz auf.

Nach 1582 war er zusammen mit einem Sohn Erasmus als Instrumentenmacher in Prag auf der Kleinseite tätig. Die Bearbeitung seiner Supplik dauerte Habermehl aber zu lange, sodass er ein halbes Jahr später ein weiteres Schriftstück mit fast dem gleichen Inhalt und einer Kopie seines ersten Gesuchs an den Kaiser schickte und bat, ein von ihm erfundenes „Kunstwerks“ zu „priaikoniren“ (als Erfindung

Kraftübertragung vom Rad über das Schiebegestänge zu den Pumpen im Schacht: Rechts die Radstube, außerhalb derselben ein krummer Zapfen mit Pleuelstange, in der Mitte Schiebegestänge, links das Kreuz, das die Schiebestangen in den Schacht führt

anzuerkennen). Er berichtete, dass diese neue Erfindung ihn etliche Jahre beschäftigt und er deshalb alle andere „Hantirung“ und damit seine Einnahmen als Instrumentenmacher stark vernachlässigt habe. Alle seine Gedanken und Sinne habe er auf diese „Neue Inuention“ (Erfindung) gerichtet. Endlich habe er durch sinnreiche Weise, sorgfältige Mühe und Arbeit, vornehmlich aber durch die Gnade Gottes dieses Kunstwerk fertiggebracht, das nun in Friedenszeiten als auch bei Kriegsläufen allen Personen, hohen und niederen Standes, sowie der Christenheit „Potentaten“ und deren Untertanen einträglichen und überschwänglichen Nutz und Frommen böte.

Zur Technik seiner Erfindung führte Habermehl nur aus, dass diese ein Mensch allein zu bedienen vermag und – wo Mangel an Wasser herrsche – durch ein Rad ohne Wasser angetrieben werden könnte. Sei Wasser vorhanden, könnten damit zwei Räder „so zu Mühlwerckhen, Hämern, und Bergwerckhen“ betrieben werden. Diese Beschreibung deutet darauf hin, dass Habermehl eine Kunst entwickelt hatte, die sowohl durch Menschenkraft als auch mit einem Wasserrad angetrieben wurde. Es ist zu vermuten, dass sein Werk ähnlich aufgebaut war wie das in Agricolas Buch abgebildete. Diese folgende Abbildung zeigt einige Besonderheiten der Konstruktion, die aus dem Mühlenbau und der Uhrmacherei übernommen worden sind. So sind bei den eisernen Rädern nicht wie üblich die Zahnlücken aus dem Ganzen gearbeitet worden, sondern die Zähne wurden einzeln eingeschraubt. Das machte die Herstellung aufwändiger, die Reparatur defekter Zähne aber einfacher. Auch die rechte Lagerung des oberen Schöpfrades ist bemerkenswert.

Dieses Lager wurde nach unten stark belastet, und zur Unterstützung war eine Radscheibe angebracht,

Schöpfwerk mit Handantrieb. Links steht der Bergknappe am Kurbelrad, daneben das eiserne Gestell mit dem Getriebe. Auf der rechten Seite befindet sich in einem Holzgestell das Hebewerk mit der oberen und unteren Trommel, über welcher die Eisenkette mit den Ledereimern sichtbar ist, welche das Wasser aus dem Schacht fördern

auf welcher sich der Zapfen drehen konnte. Dadurch wurde die Reibung gemindert. Georgius Agricola hat für dieses Schöpfwerk Maße und Zahnzahlen angegeben, die eine Verbindung des Gerätebaus zum Uhrenbau erkennen lassen. Die Zahnzahlen waren oft durch 12 oder 6 teilbar, allerdings konnten die Räderwerke für den Mühlen- oder Bergbau auf die vorgegebene Übersetzung wie im Uhrenbau verzichten (Minutenrad = 1 Umdrehung pro Stunde im Verhältnis zur Schlagzahl der Waag). Die Übersetzung des Schöpfwerkes betrug je Räderpaar sechs, so dass der Bergknappe an der Kurbel 36-mal drehen musste, damit das Schöpfrad eine Umdrehung machte.

Diese Lagersäule mit der Rolle ist auch einzeln dargestellt. Das sind technische Ausführungen, wie sie auch bei Turmuhren in der ersten Hälfte des 16. Jahrhunderts teilweise angewendet wurden, etwa im Zeitglockenturm in Bern 1530.

Habermehl war im Gegensatz zu vielen seiner Zeitgenossen nicht von der Machbarkeit eines *Perpetuum mobile* überzeugt. Er erwähnte, dass unter der Regierung von Maximilian II. etliche Personen für „große Künste" Vorschläge gemachte hätten, sie aber nicht vermocht hätten, ein „motum perpetuum" aufzurichten. Er bat den Sohn Maximilians, Kaiser Rudolf II., solche unvollkommenen Werke nicht anzunehmen, sondern dafür sein – Habermehls – Kunststück, das weit höher sich beweisen werde, als er es schriftlich oder mündlich rühmen könne und das „in Monattsfryst allerunderthänigest Praesentirt werden" sollte.

Josua Habermehl hatte vermutlich von seiner Kunst ein Modell angefertigt und dieses in Prag vorgestellt. In der kaiserlichen Bestätigung seiner Kunst vom 7. Juni 1581 steht, er habe mit „sein New erfundnen Kunstwerck [...] ain Prob gemacht Und

Uns dieselbe fürgestellt, mit wolbedachten muht, gueten rath, und rechten wissen".

Der Kaiser gewährte ein Privileg für 20 Jahre, in denen Habermehls Kunstwerk nicht nachgemacht werden durfte. Sollte dagegen verstoßen werden, so müssen „Zehen marck lötigen golds" – die Hälfte an die Reichskammer in Prag und die andere Hälfte an Habermehl – als Strafgeld gezahlt werden. Diese Wasserkunst von Josua Habermehl ist wahrscheinlich nie gebaut und deshalb vergessen worden. Was sich bis in unsere Zeit erhalten hat, sind seine vorzüglichen und künstlerisch gestalteten Instrumente, die in den Museen von Dresden, London, Prag, Oxford, Florenz sowie in Nürnberg und München zu bewundern sind.

Hightech: Die Bergwaage von Abraham Ries

Seit der Renaissance beschäftigten sich Menschen verstärkt mit den rational erfassbaren Dingen. Himmel und Erde waren nun Objekte wissenschaftlicher Forschung. Mathematisch-astronomische Erkenntnisse der alten Griechen traten neu ins Bewusstsein, bewahrt durch arabische Autoren oder zum Teil in Handschriften der Klosterbibliotheken. Zugleich wurde der Fortschritt der Wissenschaft und deren Wirkung auf die Produktion durch neue, vervollkommnete Instrumente beschleunigt.

Die Anfänge des Instrumentenbaus in Deutschland liegen in Nürnberg. Dort ließ sich 1471 der Mathematiker Johannes Regiomontanus nieder. Er richtete eine Sternwarte, eine mechanische Werkstatt und eine Druckerei ein – damit war sein kurzes Wirken in der Stadt außerordentlich folgenreich. Von großer Wirkung waren die von ihm gefertigten wissenschaftlichen Instrumente. Der süddeutsche Raum mit Nürnberg und Augsburg blieb bei der Herstellung wissenschaftlicher Geräte führend in Europa. Sie verbanden hohe handwerkliche Fertigkeit und künstlerische Ausführung. „Für die [...] Handwerker war es eine Selbstverständlichkeit, dass die Natur des Materials und seine Verarbeitung zu einem Gerät die Grundlage der künstlerischen Formgestaltung und Ausschmückung sein müsse."

Auch in anderen deutschen Gegenden gab es solche Entwicklungen, oftmals von den Landesherren unterstützt. In Kursachsen führte vor allem das Bemühen, die wertvollen Erze effektiver zu heben,

Kurfürst August

zur verstärkten Förderung der Wissenschaften und des Gerätebaus. Zudem war Kurfürst August wissenschaftlich ausgebildet, er hat auch selbst einige Messinstrumente gebaut. Da es zu Beginn seiner Herrschaft in Sachsen keine ausgebildeten Instrumentenmacher gab, ließ er die benötigten Geräte aus dem süddeutschen Raum kommen, bezog einzelne vom hessischen Landgrafen Wilhelm IV. sowie aus Prag. Schon 1558 rief August den Uhrmacher Hans Geb (gest. 1574) aus Innsbruck nach Dresden, danach Hans Kurzrock. Augusts Ansprüche an die gelieferten Instrumente waren sehr hoch. So geriet er mit dem Augsburger Instrumentenmacher Christoph Schißler nach 1572 in Streit, weil er mit den von jenem gelieferten Wegmesser nicht zufrieden war. Tatsächlich aber lag die Schuld wohl beim Kurfürsten wegen seiner unpünktlichen Bezahlung. Nach 1575 arbeitete Christoph Trechler als begnadeter Handwerker in Dresden für den Kurfürsten.

Er bildete in seiner Werkstatt weitere Instrumentenmacher wie Viktor Stark aus.

Diese Handwerker müssen sich intensiv mit Mathematik beschäftigt haben, war diese doch Voraussetzung dafür, genaue Messinstrumente zu fertigen. Es liegt nahe, dass der vom Kurfürsten hoch geschätzte Abraham Ries – Adam Ries' Sohn – die Unterweisung von Praktikern sowohl in schriftlicher Form als auch persönlich vorgenommen hat. Paulus Jesensius schreibt in seiner Annaberger Chronik über Abraham: „Mit Stillschweigen sind auch nicht zu übergehen, welche wegen ihres hohen Verstandes und Erfahrenheit an Fürstlichen Hoffe befördert worden, daselbst sich bey ihrer Bestallung rühmlich erwisen haben: Abraham, Adam Rießens, deß gelehrten Rechenmeisters Sohn, […] in Rechnen, Feldmeßen und anderen mathematischen Künsten wohl erfahren." Demnach hat Abraham Ries das Feldmessen und die Markscheidekunst beherrscht. Er selbst schreibt, dass die, „so nach der höhe oder breit abzumessen haben[,] sich aller art Geometrischen Instrumente gebrauchen".

Abraham Ries hat sich früh mit Feldmessen und Vermessung im Bergbau beschäftigt. Er kannte die Ungenauigkeit der meisten Geräte, die daher rührten, dass die Feldmesser und Markscheider ohne genaue Sachkenntnis ihre Geräte selbst herstellten. Die Ungenauigkeit ergab sich größtenteils aus der fehlerhaften Kreisteilung. Ein Markscheider hatte seinen Quadranten (90°) wie folgt zu unterteilen: Erst wurden die 90° in drei Teile geteilt (je 30°), jedes dieser Teile nochmals in drei Teile (je 10°); danach wurden diese in zwei Teile geteilt (5°), die nächste Teilung durch fünf Teile ergab 1°, und dem folgte eine weitere in sechs Teile, sodass der Quadrant bis auf 10 Minuten genau abzulesen war. Um diese

Teilungen exakt durchführen zu können war ein hohes Maß an Erfahrung notwendig, über die viele Feldmesser und Markscheider aber nicht verfügten. Zudem bestanden die meisten der selbstgebauten Geräte aus Holz, das ja bekanntlich ständig „arbeitet". Die Herstellung eines Gerätes aus Metall (Eisen oder Messing) verlangte nach einem geschickten Mechaniker, da die Einteilungen und Zahlen nicht geschrieben werden konnten, sondern exakt in das Material eingraviert werden mussten – eine gute Handgravur ist aber erst nach langer Übung zu erreichen. Fähige Mechaniker haben die letzten Teilungen oftmals nur manuell ausgeführt.

Dass dies unter Anwendung der Geometrie genauer durchgeführt werden konnte, liegt auf der Hand. Auf diesem Gebiet war Abraham Ries Fachmann. Zudem beschäftigte er sich mit der Herstellung von Messgeräten. In einem Bericht vom 22. Dezember 1566 an Kurfürstin Anna entschuldigte er sich einmal, dass er ein versprochenes Instrument nicht habe fertigen können: „Dan ich itziger zeitt so arm und vnvermögend das ich den Kosten vff ein Instrument zu uerfertigen nicht hab wenden können" – was heißt, dass es Ries an Geld mangelte, um die an der Herstellung solcher Instrumente beteiligten Fachleute zu bezahlen. Er teilte aber mit, wie wichtig solche Instrumente seien, denn „wan wir allein ein ding nach der leng messen, als die höhe eines thurm, die breit eines grabens, wie breit ein wasser sey etc. darzu braucht man allerlei instrumente". Zu den „fürnemen Künstlern" zählte Ries „die Uhrmacher und Andere subtile Künstler so mathematische und Astronomische subtile Instrumente bereiten".

Abraham Ries als studierter Mathematiker war vermutlich der Begründer und Förderer des sich in Sachsen damals entwickelnden wissenschaftlichen

Instrumentenbaus. Er hatte sich mit Instrumenten schon länger befasst, etwa hinsichtlich ihrer Maßeinteilung. Dem Kurfürsten schrieb er: „Und ubergebe nuhn underthenigst die Tabulas der bogen und senen nach dem der Compas geteilt Zu vielen Geomtrischen messungen und Astronomischer obsevuetion sehr nützlich und dienstlich.“ Diese Tabellen sollten für die in Sachsen tätigen Uhrmacher, Goldschmiede und Instrumentenmacher eine Arbeitshilfe sein, um die Genauigkeit ihrer Geräte zu verbessern. Ries' Verbindung zu Trechsler ergibt sich allein aus der Tatsache, dass dieser 1589 für Ries ein Höhenmessgerät fertigte.

Es scheint aber längere Zeit benötigt zu haben, ehe sich Abraham Ries ein gutes, nach seinen Vorstellungen gebautes Instrument zulegen konnte. Wie oben angeführt, kam er 1566 nicht dazu, ein Instrument zu bauen. Im Januar 1577 mahnte der Kurfürst, „du wirdest die bewusten sachen deinem vorlaß nach vorlengt vorfertigt vund vberschickt haben. Weil es aber nicht geschehen. So befehlen wir dir gnäigst Vns daselbige […] zuschicken.“ Daraus geht aber nicht hervor, ob es sich bei den „bewusten sachen“ um ein Gerät oder um ein Buch oder beides gehandelt hat. Erst 1589 baute Christoph Trechler auf Anweisung Ries' ein Höhenwinkel-Messgerät. Dieses ist an der Unterseite mit Trechlers Initialen und der Jahresangabe, sowie dem Besitzzeichen von Abraham Ries signiert.

Christoph Trechsler wurde um 1546 geboren. Sein Vater, der Dresdner Büchsenmacher Lorenz Trechsler, lässt sich 1545 dort als Mitglied der Innung der Schlosser, Sporer, Nagelschmiede, Uhr- und Büchsenmacher nachweisen. Schon 1571 war Christoph Trechsler offenbar für Kurfürst August tätig, denn in diesem Jahr erhielt er zu seiner Hochzeit ein Geschenk vom Landesherrn. Damals beschäftigte er sich mit dem Bau von Messinstrumenten, nachdem er sich mit der Herstellung von Feuerwaffen befasst hatte. Lange Zeit arbeitete er im Zeughaus, wo er 1595 am Bau der ersten *Mitrailleusen* (Orgelbüchsen) beteiligt war, die freilich nicht benutzt wurden, da man der Ansicht war, „daß 5000 Musketiere billiger wären als 500 solcher Waffen". Seine ersten Instrumente fertigte Trechsler um 1572. Erhalten haben sich im *Museo di Storia*, Florenz, zwei vergoldete Stücke, darunter eine Platte mit Kreisteilung und einem Kompass in der Mitte, sowie ein Geschützaufsatz – ebenso signiert *C.T. 1572* – im *Chicago Adler Museum.*

In der kurfürstlichen Kunstkammer wirkte Trechsler als „geometrischer" Arbeiter. 1595 erfolgte seine Anstellung als geschickter und kunstreicher Werkmeister durch den Rat zu Dresden; er blieb jedoch

Das Messgerät Trechslers mit Kippregel (oben) und Grundplatte mit Kompass (auch Bussole genannt, rechts) und Windrose (links, unten) für Abraham Ries

weiterhin in der Kunstkammer tätig. Von 1602 bis 1605 war er Verwalter der Büchsenstube der Kunstkammer und trat in der Folgezeit bis zu seinem Tod im Jahre 1624 (oder 1627) vor allem als mathematischer Instrumentenbauer, als „Mechanicus“, hervor. Seine Instrumente tragen die Zeichen *C-T-M-F-D* (*Christoph Trechsler Mechanicus Fecit Dresden*) oder nur *C-T*, seit 1611 *C-T-D-E-M-F* (Christoph Trechsler der Ältere Mechanikus *Fecit*).

In späteren Jahren arbeitete Trechsler mit Melchior Joestel und Lucas Brunn zusammen – beide von Abraham Ries in der Mathematik ausgebildet. Trechsler hat für sie Instrumente nach ihren Angaben gefertigt. Sein Sohn Christoph folgte ihm im Beruf und hat einige Instrumente selbstständig geschaffen, erreichte aber nicht die Vielseitigkeit des Vaters.

Das Höhenwinkelmessgerät des Abraham Ries existiert heute nicht mehr, weshalb Bilder und Beschreibungen aus vergangener Zeit helfen müssen, eine Vorstellung darüber zu gewinnen. Ernst Zinner (1886–1970) ist es zu danken, dass eine Beschreibung dieses Gerätes vorliegt. Außerdem hat Max Engelmann, Kurator des Mathematisch-Physikalischen Salons in Dresden, vor dem Ersten Weltkrieg das Instrument mit einer Plattenkamera in guter Qualität aufgenommen. So ist zu sehen, dass es sich tatsächlich um ein Kombinationsinstrument handelt, da neben dem Höhenwinkel auch der Azimutwinkel gemessen werden kann, wenn das Gerät waagerecht einjustiert ist. Damit ist es ein Vorläufer des Theodoliten.

Auf einer Grundplatte ist rechts die *Bussole* (ital. *kleine Büchse*), also der Kompass, drehbar eingesetzt. Dazu gehört ein Deckel, um die *Bussole* abdecken zu können. In ihr wird die Deklination, also die Abweichung der Magnetnadel von der Nord-Süd-Linie

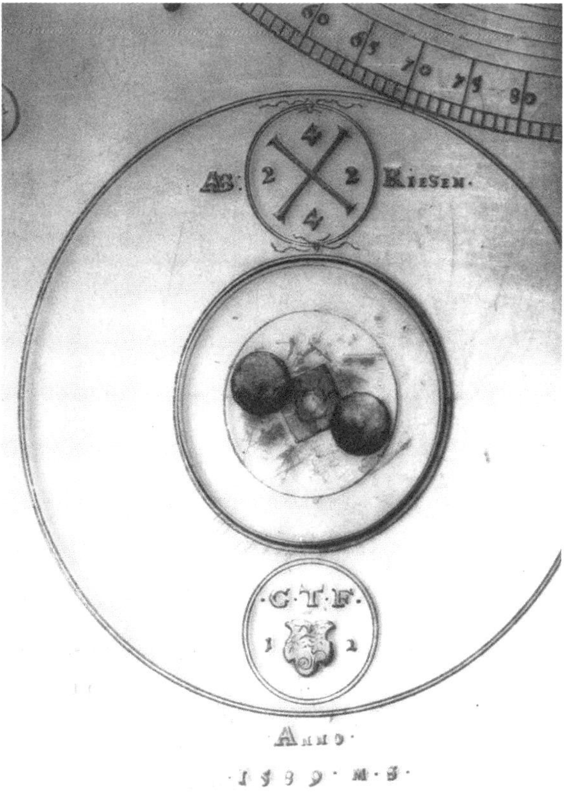

Signaturen Abraham Ries', von dem kein Bild existiert,
auf der Unterseite des Geräts

nicht angegeben. Diese Bussole ist nach den vier Himmelsrichtungen unterteilt, und ein feiner Zeiger gibt mit seiner Spitze die Nord-Süd-Richtung an. Die vier Himmelsrichtungen werden außen mit *Mittag,*

Abend, Mitternacht und *Morgen* gekennzeichnet. Daran anschließend sind fünf Kreise graviert, welche von innen nach außen die Kreisteilung in zwei mal 12 Stunden, in Buchstaben - ohne J und U - umfassen, womit der Kreis in 24 Abschnitte zu 15° geteilt und die Kreisteilung in Grad zu 10°, 5° und 1° abzulesen ist. Diese Einteilung von innen - grob - nach außen - fein - findet sich an vielen Instrumenten jener Zeit.

Auf der linken Seite der Grundplatte hat Ries eine 32-teilige Windrose anbringen lassen. Die 32 Windrichtungen sind mit Abkürzungen wie *SSW* oder *SWTS* gekennzeichnet, wobei das *T* „zu" (Südwest zu Süd) bedeutet. Innerhalb der Windrose sind zwei sich überlagernde Sterne mit jeweils acht Strahlen graviert. Der obere Stern weist auf die Hauptwindrichtungen Süd, Südwest, West, Nordwest, Nordost, Ost und Südost, der untere auf die dazwischen liegenden Windrichtungen. Zwei Spitzen des oberen Sterns sind markiert, bei Ost befindet sich eine aufgehende Sonne und bei Nord zwei S-bogenartige Verzierungen. Die festen Zeiger sind bei beiden Kreisen auf der linken Seite angebracht. Diese Windrose ist durch eine Verzahnung mit dem Kompassring verbunden, eine Eigenart, die nur dieses Gerät besitzt. Da nur zwei Zahnräder mit derselben Zahnzahl verwendet worden sind, bewegen sich die beiden Kreise gegenläufig, wobei auf der Windrose die Wind- oder Peilrichtung angegeben wird. Ist etwa der Kompass auf Nord eingestellt, zeigt der Zeiger an der Windrose auch Nord an. In Ries' Schreibweise auf dem Gerät werden die Himmelsrichtungen nicht auf Latein angegeben, sondern deutsch auf der Windrose und an der *Bussole*, und zwar nach den Gewohnheiten der Bergleute und Markscheider mit *Mittag, Abend, Mitternacht* und *Morgen*.

Der Höhenhalbkreis mit Quadranten

Was das Gerät als ein Kombinationsgerät ausweist, ist der an der hinteren Längskante angebrachte Höhenhalbkreis. An dessen oberem Ende befindet sich ein festes Lineal mit zwei Lochabsehern. Dieser bewegliche Halbkreis gibt dem Gerät seinen Namen: Es wurde im 16. und im 17. Jahrhundert als Kippregel oder Wasserwaage bezeichnet. Dabei wurden unter Wasserwaage alle Geräte verstanden, mit denen die Waagerechte gemessen werden konnte – bei Verwendung einer solchen Waage im Bergwerk sprach der Markscheider von einer Bergwaage.

An einem Ständer ist bei diesem Gerät im Mittelpunkt drehbar ein Halbkreis befestigt. Dieser Halbkreis besitzt außen drei Teilungen jeweils zu 10°, 5° und 1°. Im Inneren dieses Halbkreises ist ein Schattenquadrat angebracht, wie es auch auf dem Astrolabium existiert. Die Unterteilung erfolgt in zwölf Teilen und erscheint viermal auf dem halben Quadrat.

Somit lassen sich beide Schattenarten messen: auf der Waagerechten *umbra versa* (umgekehrter Schatten) und auf den beiden Senkrechten *umbra recta* (rechter Schatten). Diese Bezeichnungen finden sich nicht auf dem Gerät, sie wurden beim Benutzer als bekannt vorausgesetzt. Mit dem Gerät konnte der Höhenwinkel sowohl mit der Geraden als auch mit der Schattenzahl bestimmt werden.

Als Index ist zum Ablesen auf dem Ständer ein senkrechter Strich graviert. Zum besseren Ablesen hing davor ein Lot mit einem Senkblei. Der Faden des Lots musste sehr fein sein, damit eine ausreichende Genauigkeit erreicht würde, weshalb man entweder einen feinen Seidenfaden oder ein weich gesottenes Pferdehaar verwendete.

Oberhalb des Halbkreises befindet sich ein Lineal, das zur größeren Genauigkeit länger als der Halbkreis ausgeführt ist. Am Ende wurden die beiden Abseher mit einem Visierloch angebracht. Die Visierlöcher fluchteten mit der Oberkante des Höhenhalbkreises und der hinteren Kante der Grundplatte, damit das Instrument als Kombinationsinstrument verwendet werden konnte.

Wie in der Renaissance üblich, wurde das Gerät vom Hersteller verziert. Der Ständer mit seiner Verstärkung sowie die freien Stellen des halben Kreisbogens und im Quadrat sind mit einem einfachen und klaren Schweifwerk versehen. Die dafür typischen C- und S-Bogen mit den keulenartigen Verdickungen an den Enden sind gut zu erkennen. Auf der Grundplatte gibt es eine andere Art der künstlerischen Gestaltung: Der Kreis um die *Bussole* ließ nur an den beiden rechten Ecken Platz für eine Lilie.

Um die kleinere Windrose hat Trechsler Arbeitsmittel der damaligen Vermesser eingraviert: einen Jakobsstab, der zum Teil von einem Astrolabium verdeckt wird; einen Winkelhaken, einen Stech- und einen Proportionalzirkel, eine Setzwaage mit dem Zeiger und zwei Kegel, bei denen auch die Grundfläche sichtbar ist. Der Zeiger für den Kompass ist wieder als Schweifwerk ausgeführt, während der Zeiger für die Windrose eine einfache Tropfenform besitzt.

Dankenswerterweise hat Max Engelmann auch die Unterseite des Gerätes fotografiert. Zu erkennen sind die drei Schrauben für die Befestigung des Ständers der Kippregel, ebenso die Abdeckung und Befestigung für die Windrose mit ihrem Zahnrad. In diese Abdeckung sind zwei Signaturen eingraviert, einmal in einem kleinen Kreis *C.T.F.* mit einem kleinen Wappenschild, daneben die Zahlen 1 und 2 (ungedeutet) und darunter *Anno 1589 *M*S*. Das ist das Signum des Herstellers Christoph Trechsler. Das *M* könnte *Mechanicus* bedeuten.

Oberhalb der Befestigungsmutter gibt es ebenfalls einen Kreis mit den Zahlen *4, 2, 2. 4* im Kreuz einer Neunerprobe, ähnlich der, welche Adam Ries als Wappen benützte, und außerhalb des Kreises links *AB* und rechts *RieseM* was gedeutet werden kann als *Abraham Riese Mathematicus*. Unter dem Kompass ist ein Quadrant aufgezeichnet, außen mit der Winkelangabe 0 bis 90 Grad. Im Inneren befinden sich konzentrische Ringe mit der Bezeichnung an der Seite von 1 bis 40.

Das ganze Gerät war aus Messing gearbeitet und feuervergoldet. Als ein Kombinationsgerät zur Winkelmessung hat es Abraham Ries im Gelände – für *Feldmessungen* – und im Bergwerk – zum *Markscheiden* – verwendet. Bei letzterem sprach man auch von *Grenzscheidekunst,* da es um die Bestimmung der Grenze oder Markscheide einer Zeche ging.

Damit ein Markscheider seine Aufgaben erfüllen konnte, musste er in der Feldmesskunst gut Bescheid wissen, weshalb alle damaligen Lehrbücher zuerst die Feldmesskunst und danach die Markscheidekunst abhandelten. Bei Abraham Ries ist davon auszugehen, dass er in diesem Metier zuhause war. In einem Text zur Anwendung der Mathematik hat er viele Berufe aufgeführt, in denen mathematische Kenntnisse nötig seien. Dabei wurde er beim Beruf des Markscheiders ausführlicher als bei anderen und beschrieb dessen Aufgaben eingehender: „aber furnemlich die Markscheider welche durch den Compas Mitt der wasserwage vnd dem saiger sonsten perpendiculum genand die Saiger teuff. Die tonlage vnd was Zwieschen der thonlage vnd der saiger teuff ist als nemlich wie weit der stoln hienein in schacht so saigertieff oder stein hangend vnd liegendts hatt sol getrieben werden, oder wan ein stoln weit ins feld oder gebierg getrieben, das er die örtung von mundloch anfahrend abwege wo am tage Zw oberst das lichtloch vnd tageschacht vnder sich Zu sencken des gleichen mit den quergengen vnd haubtgengen [...] Des gleichen wan ein durchschlag Zw machen, wie vil Zwieschen den getriebenen stoln vnd schacht darein sie erschlahen soln sey."

Die Lösung all der genannten Aufgaben war für die wirtschaftliche Betreibung eines Bergwerks wichtig, denn die Gewerke wollten wissen, wie viel sie in ein Bergwerk investieren mussten und wie lang ein Stollen oder Schacht sein würde, um einen Durchschlag zu erreichen. Die Aufgabe konnte der Markscheider mit Hilfe von ähnlichen Dreiecken lösen. Das Dreieck *M, O, N* im Bild ist ähnlich dem Dreieck von Schachttiefe, Stollenlänge und gespannter Schnur vom Stollenmundloch zum Schachteingang. Nur versierte Markscheider nahmen dazu einen Winkelmesser, und es wurden die Längen halbtrigonometrisch bestimmt.

Vermessen von Stollen und Schacht

Somit ist davon auszugehen, dass Abraham Ries mit jenem Gerät sowohl als Feldmesser als auch als Markscheider tätig war, nicht als fest angestellter

Vermesser, sondern als ein besonderer Fachmann zum Überprüfen bisheriger Messungen.

Als er das kunstvolle Gerät 1589 erhielt, war er schon 56 Jahre alt. Sehr wahrscheinlich hat er Messungen vor allem im Bergwerk jedoch schon als junger Mensch durchgeführt, so dass dieses Gerät nicht sein erstes gewesen sein und er seine bisher benutzten Messgeräte wie andere Feldmesser und Markscheider auch selbst hergestellt haben wird. Diese waren meist aus Buchen- oder Eichenholz gefertigt. Dass Ries die benötigten Zeichnungen und Teilungen perfekt auf Holz oder Papier zu bringen vermochte, davon zeugen noch heute seine Handschriften.

Wie ein Bergwerk vermessen wurde, stellt das folgende Bild dar. Es zeigt den Riss eines Bergwerks Mitte des 18. Jahrhunderts. Zu der Zeit Ries' wurden diese Risse noch nicht auf Papier gebracht. Bis zur

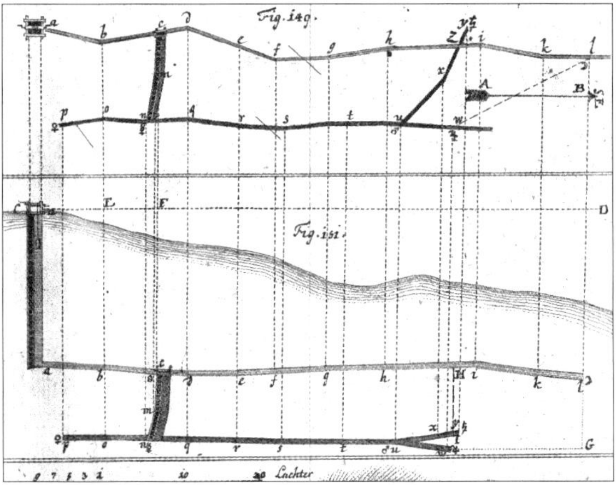

Plan eins Bergwerks (Grubenriss): oben söhliger Riss, unten Saigerriss

Mitte des 16. Jahrhunderts steckte man die untertägigen Gruben an der Oberfläche, dem „Rasen" ab. Dazu wurden die Messungen von Untertage an die Erdoberfläche gebracht. Es entstand ein Grundriss im Maßstab 1:1. Dieser lag exakt über den Grubenbauen.

Der Riss zeigt ein Bergwerk in zwei Ansichten, die obere Fig. 149 eine waagerechte (der Bergmann spricht von einer *söhligen*) und die untere Fig. 151 eine senkrechte (eine *seiger/saiger*) Ansicht. In der oberen Fig. 149 ist bei a der Schachteingang mit einer Haspel dargestellt. Hier begann die Vermessung. Die Tiefe des Schachts wurde mit der Saigerschnur bestimmt, in der unteren Fig. 151 von c nach a. Der Vortrieb von a nach b (Fig 149) konnte mit der Lachterschnur gemessen werden. Die Abweichung vom Bergmeridian (siehe Pfeil A–B) wurde mit dem Kompass bestimmt. Die Abweichung der ersten Strecke a–b von der *söhligen*, waagerechten in Fig. 151 konnte mit der Bergwaage entweder in Grad oder mit dem Quadranten bestimmt werden. Zu diesem Zweck spannte man ebenfalls eine „straffe Schur", und an dieser wurde die Kante der Kippregel angelehnt.

Das Gerät von Abraham Ries ermöglichte, das Streichen mit dem Kompass und die leichte Absenkung des Stollens a>b nach unten mit der Kippregel zu messen. Beide Messungen konnten mit einer Einstellung realisiert werden. Oft hat man bei b ein Licht aufgestellt und dieses mit der Bergwaage von a anvisiert; das erwies sich als einfacher als das Gerät nach einer Schnur auszurichten.

Kannte der Markscheider die Entfernung von a nach b und den Winkel der Kippregel, konnte er mit Hilfe eines rechtwinkligen Dreiecks die Seigertiefe berechnen. Dieser Vorgang wurde dann wiederholt, wobei das Gerät bei b aufgestellt und die Strecke bis c vermessen wurde. Auf diese Weise vermaß man vom Ausgangspunkt bis zur nächsten Richtungsänderung sowohl in der Horizontalen als auch in der Senkrechten das ganze Bergwerk.

Diese Vermessungen erwiesen sich jedoch als sehr mühsam, da die Schächte und Stollen eng waren und die damaligen Froschlampen kaum ein brauchbares Licht spendeten. Im Alter wird er um 1533 geborene Abraham Ries die beschwerlichen Feld- und Bergvermessungen wohl nicht mehr durchgeführt haben, jedenfalls hat er sich sieben Jahre nach dem Erwerb des beschriebenen Instruments von diesem getrennt, um so eine alte Schuld gegenüber dem Kurfürsten zu begleichen. Das zog sich allerdings über zwei Jahre hin, denn erst 1596 wurde ihm die Hälfte seiner Schuld von 251 Gulden erlassen, „[d]och das er daiegen seinem Erbiethen Zufolge, des Geometrischen Instrument in die Kunst Chammer Anttwortte [überantworte]".

So kam das Gerät in die Kunstkammer des Dresdner Schlosses und gehörte seitdem zu ihrem Grundbestand. 1728 wurde daraus die Abteilung „Königliches Cabinett der mathematischen und physikalischen Instrumente" im Zwinger. Die Bergwaage von Christoph Trechsler und Abraham Ries befand sich daselbst bis zum Beginn des Zweiten Weltkriegs, dann erfolgte dessen Auslagerung in das Schloss Milkel bei Bautzen. Als die Front 1945 herankam, wurden die Gegenstände des Mathematisch-Physikalischen Salons erneut umgelagert: Der Lastwagen, welcher sie von Schloss Milkel nach der Albrechtsburg in Meißen bringen sollte, stand in der Nacht vom 13. zum 14. Februar 1945 auf dem Freiberger Platz in Dresden und wurde beim Bombenangriff völlig zerstört. Neben Uhren und vielen wertvollen Instrumenten und Handschriften des

Mathematisch-Physikalischen Salons ging auch das Riessche Gerät unwiderruflich verloren.

Allerdings bekam das Adam-Ries-Museum zu seiner Eröffnung 1984 von der Stadt Annaberg-Buchholz eine Nachbildung der Bergwaage des Abraham Ries überreicht, die in der dortigen Ausstellung besichtigt werden kann.

Für Kurfürst August konstruierte Landes-Messwagen

Zu Kurfürst Augusts Bemühungen um den Landesausbau gehörte, dass er über Sachsen und dessen Grenzen neue Unterlagen erarbeiten ließ, denn die bei seinem Regierungsantritt 1553 vorhandenen Karten waren sehr ungenau. Auch wegen seiner Jagdleidenschaft ließ er für seine liebsten Jagdgebiete „Mappen“ (Karten) anfertigen. Er beschäftigte sich sein ganzes Leben lang mit Kartographie und war in dieser Hinsicht ein Vorreiter unter den deutschen Fürsten.

Die neuen Pläne verlangten nach exakter Vermessung des Territoriums, was dadurch begünstigt wurde, dass August nach 1548 in Sachsen den Kompass einführte. Erste Exemplare erhielt er von Landgraf Wilhelm von Braunschweig, die dieser vermutlich aus Nürnberg bezogen hatte. August bedankte sich beim Landgrafen: „Der Kompass hat uns von desswegen [...] zu vielen nützlichen und lustigen Dingen zu gebrauchen sehr wohl gefallen.“ Um ihn besser anwenden zu können, mussten sächsische Gelehrte – darunter Abraham Ries – um 1559 Abhandlungen über dessen Aufbau und seine Benutzung schreiben. Der Kurfürst selbst bemühte sich um die Weiterentwicklung des Kompasses und hat auch etliche dieser Instrumente selbst hergestellt.

Zur erfolgreichen und genauen Vermessung des Landes war jedoch noch ein weiteres Hilfsmittel besonders notwendig: Ab 1564 beschäftigte sich der Kurfürst mit Schrittzählern und deren Betreibung in Kutschen. Die Entwicklung eines brauchbaren

Messwagens war eine fundamentale wie anspruchsvolle Aufgabe.

Die ersten Hinweise auf einen Messwagen mit einem Zählwerk der Radumdrehungen finden sich in der Schrift „Vermessungslehre und Dioptra“ des Heron von Alexandria. Der griechischer Gelehrte lebte um 100 v. Chr. in der ägyptischen Hafenstadt und beschreibt ein Nivelliergerät zum Vermessen und zudem, wie mit einem Wegmesser die Distanzen auf der Erde zu messen seien, „sodass man die Operation nicht vermittelst einer Kette oder eines Bandes schlecht und langsam vornimmt, sondern bei der Fahrt auf einem Wagen vermittelst der Umdrehung der Räder die vorgenommenen Distanzen bestimmt“. Er berichtet ferner, dass seine Vorgänger schon solche Messungen vorgenommen hätten.

Die Skizze eines Messwerkes des Heron zeigt, dass von einem an der Nabe eines der Wagenräder befestigten Stift das Zählwerk weiter geschaltet wurde. Heron gibt den Umfang des Rades mit 10 Ellen (ca. 4,8 m) an, was einen Raddurchmesser von ca. 1,4 m ergäbe. Bei diesem Zählwerk hat Heron an Stelle eines Triebes, d. h. eines Zahnrades mit weniger als 20 Zähnen, in dem Räderwerk immer eine Schraube ohne Ende verwendet, womit diese wie ein Trieb mit einem Zahn wirkt. Ebenso wirkt der Stift zum Weiterschalten an der Nabe wie ein Trieb mit nur einem Zahn. Bei einer Umdrehung der Schraube wird das nachfolgende Rad um einen Zahn weiter bewegt. Doch die griechischen Mechaniker konnten diese Schraube nicht mathematisch genau nach der Teilung des Rades fertigen. Deshalb empfahl Heron, die Über bzw. Untersetzung durch Ausprobieren zu bestimmen. Als Beispiel gab er an, dass das Bronzerad, welches durch den Nabenstift geschaltet wird, acht Teile besäße, das nachfolgende Rad hinter der

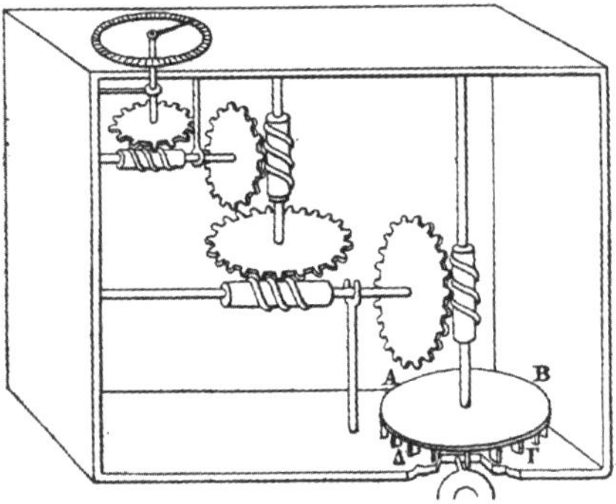

Mechanik des Messwerkes von Heron

Schraube 30 Zähne. Bei einer mathematisch richtig berechneten Schraube würde dieses Rad bei 30 Umdrehungen der Schraube sich einmal drehen. Bei seinem Beispiel reichen aber 20 Umdrehungen der Schraube zu einem Umgang des Rades. Damit bewegt die Schraube bei einer Umdrehung nicht nur einen Zahn weiter, sondern 1,5 Zähne.
Erst mit diesem Wissen wurden die einzelnen Untersetzungen festgelegt und das Zifferblatt mit seinem Zeiger eingerichtet.

Darauf haben die Römer aufgebaut. Beispielsweise nutzten sie die mathematischen Kenntnisse der Griechen bei der Landesvermessung. Der römische Staat ließ für die schnelle Verlegung seiner Legionen an andere Kriegsorte ein leistungsfähiges Straßensystem aufbauen. Dafür waren Vermessungen und Wissen zur Entfernungsbestimmung wichtig. Der römische Architekt Vitruvius beschreibt in seinen zehn Büchern über Architektur (um 30 v. Chr.) im letzten Buch ein „von den Vorfahren überaus geschickt entwickeltes und uns überliefertes Verfahren, wodurch man, in einem Wagen sitzend, immer wissen kann, welche Anzahl von Meilen man bereits vom Wege zurückgelegt habe".

Der Aufbau dieses Wagens ähnelte dem des Heron. Wie Vitruv schreibt, wurde bei ihm ebenfalls durch einen Stift in der Radnabe ein senkrechtes Rad mit jeder Umdrehung einen Zahn weitergeführt. Dieses Rad besaß 400 Zähne. Hatte das Wagenrad einem Umfang von 12½ Fuß, so wurde bei einem Umlauf des Rades eine Wegstrecke von einer Meile (5000 Fuß) gemessen. Das Rad besaß an der Seite einen Stift, der bei einer Umdrehung ein weiteres waagerechtes Rad um einen Zahn weiterbewegte. Dieses Rad wies kleine Kammern auf, die mit Steinchen gefüllt waren und beim Weiterschalten je einen Stein in ein Bronzegefäß fallen ließen. Man brachte also nach einer Strecke nur die Steinchen zu zählen und kannte die Anzahl der zurückgelegten Meilen. Da die Räder laut Vitruvius mit einem einzelnen Stift geschaltet worden sind, lag im Gegensatz zu den ungenauen Schrauben Herons, eine mathematisch genaue Untersetzung vor.

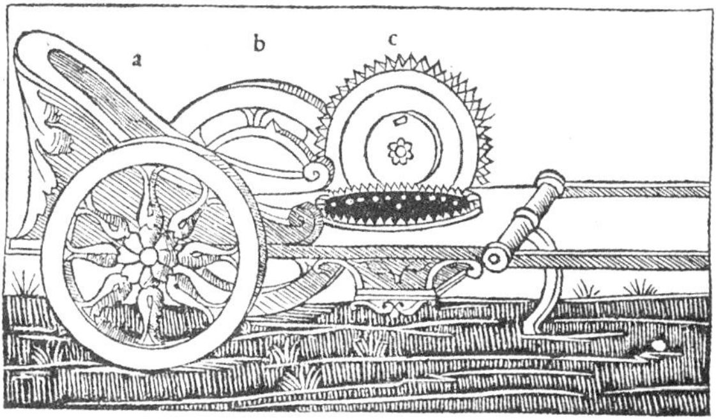

Wagenmesser aus der Vitruvausgabe des Frater Jocundus, Venedig 1511

Danach sind bis in die Frühe Neuzeit keine Nachweise über Messwagen überliefert. Erst Leonardo da Vinci (1452–1519) hat die Zeichnung eines Wagens angefertigt, wobei er griechische bzw. römische Vorlagen verwendete. Einen ersten Wegmesser der Renaissance baute der französische Arzt Jean Fernel (1497–1528). Mit ihm hat er 1525 die Entfernung von Paris nach Amiens für astronomische Zwecke gemessen.

Generell wurden im 16. Jahrhundert für Entfernungsmessungen kleine *Viatorii* oder Wegzähler verwendet. Das waren runde Geräte aus Messing, welche auf einem Zifferblatt die Schrittzahl von Menschen oder Pferden zählten. An ihnen war unten ein Ring angebracht, und bei jedem Ziehen an demselben wurde der Zeiger um einen Strich weiter geschaltet. Befestigte man das Gerät an einem Bein, wurden stets Doppelschritte registriert. Insgesamt konnten 1000 Schritte gezählt werden. Durch ein Räderwerk wurde noch ein zweiter Zeiger geschaltet, der sich beim Umgang ebenfalls um einen Strich weiterbewegte, sodass mit diesen einfachen Gerä-

Wegzähler

ten bis zu 60000 Schritte gezählt werden konnten. Das Bild des Wegzählers zeigt, wie das Gerät an der Hüfte oder am Sattel befestigt worden ist. Dadurch konnten über eine vom Zählring des Gerätes zum Knie des Menschen oder Pferdes reichende Schnur die Schritte gezählt werden.

Von Paul Pinzing stammt eine Beschreibung, wonach ein Zählwerk auf einem Wagen montiert war, das ebenfalls von einer Radnabe weiter geschaltet wurde. Die hinten sitzende Person gab einem Schreiber die Umdrehungen sowie mit einem in der Hand gehaltenen Kompass die Richtungsänderung an. Die Geräte zählten nur die Schritte oder die Umdrehungen eines Rades. Um aber Entfernungen berechnen zu können, war die Schrittlänge der Person bzw. der Umfang des Rades zu berücksichtigen. Es wurden aber auch, beispielsweise von Heron, Geräte verwendet, die von vornherein Wagen mit einen bestimmten Raddurchmesser nutzten.

Kurfürst August kommt das Verdienst zu, sich intensiv mit den Wegmessern beschäftigt und deren Aufschwung in den nächsten Jahrzehnten gefördert zu haben. Dafür wendete er viel Zeit und Geld auf und griff auch auf die Dienste kompetenter Wissenschaftler und Mechaniker zurück. Valentin Thau (1531–1575), der an der Universität Leipzig studiert und seit 1555 hier Lehraufgaben übernommen hatte, erhielt vom Kurfürsten zunächst den Auftrag, dass er „etzliche stuck auß der Astronomie und Geometri inn deutsche sprach vordolmetzschen" und dazu benötigte Instrumente herstellen solle. 1564 schlug Thau daraufhin dem Kurfürsten vor, einen Wegmesser in Verbindung mit einem Kutschenwagen zu bauen. Thau hatte sich vermutlich von Heron anregen lassen. Dessen Buch „Dioptra" war 1540 gedruckt worden und der Gelehrte des Griechischen

Messen mit einem Wagen

mächtig. Er traf mit seinem Vorschlag das Interesse des Kurfürsten, der statt aufwändiger Messungen mit Schnur oder Kette durch eine mechanische Vorrichtung schneller und einfacher Ergebnisse erreichen wollte.

Am 1. Oktober 1564 antwortete Kurfürst August: „Unser Sekretär Jenitzsch hat uns deinen Vorschlag eines Kutzschwagen halben, darauf man den Wegmesser könnte anbringen, vorgetragen, welcher uns sehr wohlgefallen, wüssten auch einen solchen Wagen zu unserm Vorhaben sehr wohl zu gebrauchen, sonderlich wenn auch ein Kompass darauf gerichtet, darauf man alle Winkel und Krümmen im Fahren nicht allein messen, sondern auch ihrer Gelegenheit nach rechtschaffen delinijren und in einen gewissen Riss bringen könnte."

Damit hatte der Kurfürst seine Vorstellungen genau dargelegt und Thau die Richtung weiterer Arbeiten gewiesen: Thau sollte innerhalb eines halben Jahres ein Gerät herstellen und dieses Messwerk neben dem Schlagwerk auch einen Kompass besitzen. Das Schlagwerk war bei Messwerken üblich; mit ihm wurde eine bestimmte Wegstrecke, beispielsweise der Ablauf einer Meile, akustisch angezeigt. Im März 1565 verlangte der Kurfürst, dass dieser „neue Geometrische Wagen“ bis zur nächsten Ostermesse fertig zu stellen sei. Vermutlich baute Thau drei solcher Wagen.

Vor allem das Messwerk wurde unter der Anleitung Valentin Thaus gefertigt. Dieses war kompatibel, um es an verschiedenen Wagen und Personen anzubringen zu können. Ein Befehl des Kurfürsten an den Leipziger Schösser Paul Bucher vom Dezember 1574 zeigt, dass sich damals ein solches Gerät noch im Gebrauch befand. Auch heißt es, dass Konrad König in Altenburg 1575 ein Gerät für den Gebrauch mit Pferden tauglich machte. Peter Jergenau, ein Uhrmacher aus Wismar, wurde 1576 an den Hof von Kurfürst August gerufen und fertigte Geräte, welche auf Wagen, durch Rösser und zu Fuß gebraucht werden konnten.

Auch Christoph Schissler (1531–1608) wusste um die Bemühungen des Kurfürsten. Er schickte ihm deshalb einen Vorschlag zum Aufzeichnen eines Weges durch Eintragen der Entfernungen und der Richtungen. Schissler galt als hervorragender Instrumentenmacher und hatte schon einige Geräte an den sächsischen Hof geliefert, darunter das große Vermessungsgerät „Quadrum Geometricum“ und 1575 einen Wegzähler, der sich heute im Mathematisch-Physikalischen Salon in Dresden befindet.

Da sich mit den Jahren herausstellte, dass alle diese Geräte im Gebrauch nicht sicher waren, etliche nach kurzer Zeit sogar Defekte zeigten, wurde der Kurfürst vorsichtig, auf Vorschläge für neue Wegmesser zu reagieren.

Das zeigt sich in seinem Briefwechsel mit Schissler. Dessen Vorschlag bezüglich eines neuen Weg-

Wegmesser Christoph Schisslers 1575, Größe 14×14 cm

messers mit Aufzeichnung der Strecke bezog sich auf eine Messkugel mit einem Visierring. Auf der Kugel konnte der Weg mit „Tüpflein" verzeichnet werden, 1 „Tüpflein" entsprach 100 Schritten. Der Kurfürst prüfte diesen Wegmesser und gab Schissler schließlich eine abschlägige Antwort, „weil wir die Invention des Wegmessers allbereit theuer genugsam bezahlt und wir eure Verbesserung daran noch nicht gesehen haben". Um diese Zeit hatte sich Schissler mit dem sächsischen Kurfürsten, vermutlich wegen dessen schlechter Bezahlung, überworfen, sodass er sich 1583 nach Berufung durch den Kaiser mit seinem Wegmesser nach Wien begab und dabei die Reise von Augsburg nach Wien mit seinem „Tüpflein" aufzeichnete.

Wegmesser Thomas Rückerts. Unter dem oben geöffneten Deckel befand sich vermutlich der Kompass: Die Rolle mit dem Papierstreifen ist aus dem Gerät herausgenommen; zwischen den drei Schenkeln befindet sich ein kleiner Zeiger für das äußere Zifferblatt

Im Jahre 1574 kam der Augsburger Uhrmacher und Schlosser Thomas Rückert auf Einladung des Kurfürsten nach Dresden und fertigte nach dessen Vorgaben einige Wegmesser. Ein Gerät war bis 1945 im

Mathematisch-Physikalischen Salon in Dresden vorhanden. Die vorstehende Abbildung zeigt es geöffnet; zu sehen sind die beiden Zifferblätter sowie die Papierrolle mit den drei Schenkeln.

Das äußere Zifferblatt zeigt die Schritte oder Umdrehungen mit 40 Einheiten an. Das Schaltrad mit ebenfalls 40 Zähnen treibt die Papierrolle im eingesetzten Zustand an; zwischen zwei Schenkeln ist der kleine Zeiger zu sehen. Der Zeiger des inneren Zifferblattes rückt bei einer Umdrehung des Schaltrades um einen Strich weiter, sodass dieses Zifferblatt 1600 Doppelschritte oder Radumdrehungen anzeigen konnte.

Bei einem weiteren Wegmesser Thomas Rückerts besitzt das erste Rad mit den Schrägzähnen ebenfalls 40 Zähne. Weiter geschaltet wurde es mit einer Klinge (1) und in seiner Stellung fixiert durch eine

Wegmesser Rückerts. Links in der Trommel der Papierstreifen mit dem Kompass oben unter dem Deckel, rechts Gehäuse in welcher die Trommel eingesetzt wird, darunter das Schaltrad mit Hebeln zum Registrieren.

Sperrklinke mit Feder. Auf diesem Rad sitzen im Abstand von 20 Zähnen zwei bewegliche Rollen (2). Diese spannen jeweils einen Hebel (3 und 4), welche beim Abfallen von der Rolle einen Stift bewegen. Ein Hebel zeichnet die Wegstrecke von 20 Teilen auf die Papierrolle auf, und der andere Hebel drückt die Kompassweisung mit den drei Stiften der Kompassnadel in die Papierrolle. Der Zeiger an der Vorderseite des Gerätes wird bei einer Umdrehung des Schaltrades um einen Strich weiterbewegt. Somit konnte das Gerät 60×40=2400 Teile messen. War das Gerät mit einem Wagen gekoppelt, wie es der Kurfürst vorgesehen hatte, wurden an Stelle von Doppelschritten die Radumdrehungen gezählt.

Die Geräte Rückerts erwiesen sich durch ihre Kleinheit – der Papierstreifen maß nur 1,28 cm in der Breite – als sehr empfindlich. Deshalb lieferten sie oft fehlerhafte Ergebnisse und waren deshalb für den Kurfürsten nicht akzeptabel. Rückert ging 1576, vermutlich nach einem Zerwürfnis mit August, wieder nach Augsburg zurück, nahm seine beim Bau solcher Instrumente gewonnenen Erfahrungen mit und fertigte danach weitere Wegmesser. Diese besaßen meist ein erstes Rad mit 100 Zähnen. Seine Geräte waren durch ein Privileg Kaiser Rudolfs II. vom 14. August 1581 seitdem vor Nachbau geschützt. Rückerts Geräte weisen als Verzierung eine Ätztechnik auf, welche er schon bei Arbeiten an einem Stuhl aus Eisen für den Kaiser 1574 angewendet hatte.

Martin Feyhel – auch Feil genannt –, in Naumburg geboren, ging als Uhrmacher 1575 nach Augsburg und arbeitete in der Werkstatt Christoph Schisslers. Er wurde 1578 von Kurfürst August als Hofuhrmacher bestellt. Von ihm hatte sich bis 1945 in Dresden ein Wegmesser erhalten, dessen Konstruktion auf

Wegmesser Martin Feyhels, um 1580

das von Rückert entwickelte Prinzip zurückgeht, wobei jedoch die Kompassortung verändert worden war. Zur Verstärkung der magnetischen Kraft brachte Feyhel zwei übereinander liegende Nadeln an, ebenso wurden die zurückgelegten Viertel- und ganzen Meilen durch Glockenschläge angezeigt.

Die Inventarliste der Kunstkammer Dresden von 1593 verzeichnete noch ein weiteres Gerät Martin Feyhels: „1 Instrument oder Nachtlicht ohne Feuer“.

Wegmesser mit Zeichentisch Christoph Trechslers, Dresden 1584

Hierbei handelt es sich vermutlich um einen Wegmesser mit Leuchtmasse, der auch bei Dunkelheit verwendet werden konnte. Feyhel arbeitete später auch für Kurfürst Christian I.

Ein weiteres, heute noch vorhandenes Gerät hat Christoph Trechsler 1584, kurz vor dem Tod Kurfürst Augusts, hergestellt. Dessen Größe (Höhe 42 cm) und das Gewicht ließen nur eine Verwendung auf einen Reisewagen zu. Das Messwerk ruhte auf einer zylindrischen Säule, davor war ein Zeichentisch zum Aufzeichnen der Wegstrecke angebracht. Das Zählwerk besaß drei Skalen: Die äußere zählte bis zu 100 Ruten, die mittlere bis zu 2000 Ruten und an der inneren Skala konnten bis zu 20 Meilen abgezählt werden – Trechsler verwendete hier also eine dezimale Einteilung. Eine Radumdrehung schaltete

Reißtisch mit Bussolen-Instrument Christoph Trechslers, Dresden 1584

den Zeiger der Skala im Bereich bis zu 100 Ruten um einen Strich weiter, somit musste eine Radumdrehung einer Rute entsprechen. Das verlangte, dass bei diesem Gerät auch ein Messrad mit einem Durchmesser von 1,44 m verwendet werden musste. Allerdings wurde hier die Meile mit 2000 Ruten gemessen. Diese Meilengröße war zur damaligen Zeit neben anderen durchaus üblich. Das Gerät hatte nach dem Inventarverzeichnis der Dresdner Kunstkammer von 1587 noch 27 Hilfsgeräte, welche auf Befehl des Kurfürsten gefertigt worden waren.

Bemerkenswert ist der Kompass im rechten Teil. Rechts und links davon waren Rollen eingesetzt, die einen Papierstreifen über den Kompass führten. Oben befindet sich ein Taster; mit ihm konnten die drei Spitzen der Kompassnadel Eindrücke in den Streifen bewirken. Sie gaben damit die Abweichung des Weges von der Nord-Süd-Richtung an. Die Inventarliste der Kunstkammer von 1587 berichtet über den Zeichentisch: „vor den instrument ein durchbrochener winkelhaken miteinem doppeleten gevierdten loche, darein das reisstischlein gesetzt, wen man die caompass braucht." Das entsprach dem von Thomas Rückert geschaffenen System, das nach den Wünschen des Kurfürsten entwickelt worden war, allerding in einer größeren Dimension, und damit auch sicherer im Gebrauch.

Für all die bisher aufgeführten Arbeiten und Geräte war also der Kurfürst Auftrag- und Geldgeber gewesen, allerdings erwies sich die Zusammenarbeit mit dem eigenwilligen Herrscher nicht immer als einfach. Dessen Vorstellung bestand in der Entwicklung von Technik zur einfachen Aufzeichnung von Strecken und ihrer Richtungen mit einer Kutsche. Zwar schrieb er 1564 von einem „Kutzschwagen", aber Thau fertigte noch keine stattliche Kutsche, wie sie der Kurfürst auf seinen späteren Reisen verwendete. Einen dieser Wagen Thaus hat August 1574 erneut angefordert: „Nachdem du [der Leipziger Schösser Paul Buchner] den Karren, darauf das Instrument zu Messen, welches Mag. Tau von Leipzig verfertigt, in deiner Verwahrung hast, wollest solchen Karren wieder ausputzen und so zurichten lassen." 1575 musste der Uhrmacher Sporer aus Torgau für zwei Wagen mit zwei Rädern ebenfalls Wegmesser-Instrumente herstellen. Somit handelte es sich bei diesen „Wagen" um einfache Karren, welche von einem Pferd gezogen oder sogar an eine Kutsche angehängt werden konnten.

Kurfürst August hat nach 1570 Wegmesser in seiner Reisekutsche verwendet und damit die gefahrenen Strecken aufgezeichnet. Der mathematisch Gebildete ließ die Raddurchmesser jener Wagen dem jeweils verwendeten Wegmesser anpassen.

Laut Inventar der Dresdner Kunstkammer von 1587 waren zwölf Wegmesser vorhanden. Als besonders brauchbar erwies sich derjenige Christoph

Schisslers, an dem der Kurfürst selbst Verbesserungen vorgenommen hatte. Er zeigt auf dem Zifferblatt nur die Anzahl der Radumdrehungen, nicht die Entfernung an. Mit dem Wegmesser Schisslers wurde nach 100 Umdrehungen des Rades eine für diesen Wegmesser festgelegte Einheitsstrecke durchfahren. Das waren 60 Ruten als Grundeinheit, was einem Feldweg oder „Gewend" - die Länge, nach welcher der Pflug gewendet wurde - entsprach. Der Raddurchmesser betrug damit 0,86 m, was dem üblichen Raddurchmesser bei Reisewagen entsprach. Später wurden die Raddurchmesser größer und die der Vorderräder kleiner. Das Gerät zeigt auf der inneren Skala die Radumdrehungen bis 100 (1 *mass*) an. Die mittlere Skala geht bis 1.500 Umdrehungen (15 *mass* = ½ große Meile), die äußere bis 22.500 Umdrehungen (= 225 *mass* = 7,5 große Meilen = ca. 62 km).

Bei Reisen wurden die Entfernung und die Kompassweisung gemessen und in einem Routenbuch aufgezeichnet. Aufgrund dieses Buches sind mit den vom Kurfürsten verbesserten Geräten und Messwagen um 1572 sogenannte Routenrollen erarbeitet worden. Mit dem Wegmesser von Schissler ist zum Beispiel eine solche Routenrolle zum Raum Mühlberg-Annaburg aufgezeichnet worden, die bis 1945 im Mathematisch-Physikalischen Salon vorhanden war. Ihre Länge betrug 7,87 m, ihre Breite 0,31 m. Sie ist die älteste bekannte Routenrolle. Bei ihr sind die Entfernungen unter den Ortsnamen angegeben, so steht auf dem Blatt: „Prottwitz-Mülberg 16 mas." Dies war die einzige Rolle, in der man das Längenmaß „mas" nutzte. Ein „mas" betrug ungefähr ¼ km, was auch der Entfernung auf den heutigen Karten entspricht: Prottewitz-Mühlberg = 4 km = ca. 16 *mas*).

Oben genannte Routenrolle mit Entfernungsangaben in Mass

Neben der *mass* wurde auch die Richtung angegeben, indem man kleine Bussolenscheiben (Kompassabbildungn) zwischen den Orten aufklebte. Diese und die Orte musste der Maler Friedrich Brecht als Kupferstiche anfertigen, sodass „ein jedes, was es sei, gezeichnet werde und man aus den Abdrücken ein jedes sonderlich unverletzt des anderen abschneiden könne".

Über den Begriff *mass* wurde lange gerätselt. Erst Herbert Wunderlich hat die Bedeutung des Begriffs in den 1930er-Jahren entschlüsselt. Von Haus aus Mathematiker, hat er die Geräte im Salon nicht nur von der historischen und mechanischen Seite betrachtet. Mit seiner mathematischen Analyse kam er auf schlüssige Ergebnisse. Vermutlich hat Kurfürst August dieses Längenmaß selbst eingeführt und bei seinen ersten Vermessungen mit einem Messwagen angewendet. Dieses Längenmaß musste ein Vielfaches einer bekannten Länge, in diesem Fall einer Rute, betragen. Damit hat der Kurfürst bewusst auf die Tradition der Feldmesser gesetzt, die sich auf die trigonometrisch-astronomischen Arbeiten der Araber bezogen und eine 12- bzw. 60-Teilung bevorzugten, indem er 1 *mass* zu 60 Ruten einführte.

In der Sächsischen Landes- und Universitätsbibliothek zu Dresden haben sich weitere sechs Rollen erhalten, darunter zwei der Reise des Kurfürsten zum Reichstag nach Regensburg im Jahre 1574, die über Chemnitz, Annaberg, Oberwiesenthal und Joachimsthal führte. Diese Routenrollen sind hinsichtlich ihrer Größe und Ausstattung einmalig, allerdings dienten sie nur der Befriedigung der geographischen Neigungen des Kurfürsten und waren dem allgemeinen Gebrauch entzogen.

Seit 1574 waren also Zählwerke im Gebrauch und lieferten brauchbare Ergebnisse. Auf seinen vielen

Reisen wurden vom Kurfürsten die Lage und die Entfernungen der Orte aufgezeichnet. Als Ergebnis sind für den sächsisch-thüringischen Raum und zum Teil darüber hinaus 16 kleine Landtafeln erhalten, die nach einer in der Mitte der Karten liegenden Stadt benannt sind, in welcher sich der Kurfürst aufgehalten hatte – so etwa die Tafel „Schwarzburg", das heutige Schwarzenberg im Erzgebirge, wo August das Schloss zu einem Jagdschloss ausbauen ließ.

Die Karten blieben jedoch sehr ungenau: Die Flüsse sind schematisch eingezeichnet, die Streckenfehler betragen bis zu zehn Prozent. Fertiggestellt waren diese Karten bis 1584, wobei sich der Kurfürst der Fehlerhaftigkeit seiner Landesaufnahme bewusst war. Daraus resultierte sein Wunsch, eine spezielle und genaue Vermessung der gesamten kursächsischen Lande in Angriff zu nehmen, wozu er seinen Markscheider Matthias Öder einsetzte. Der war 1575 vom Kurfürsten zum Markscheider berufen worden, sein Vater hatte ab 1554 kleine Gebiete des Landes mit Messschnur, Kompass und Quadranten vermessen. Kurfürst August hat aber die Anfänge dieses Vorhabens nicht mehr erleben können, denn er starb 1586. Erst unter seinen Nachfolgern Christian I. (1586–1591) und Christian II. (1594–1611) wurde diese Aufgabe zum großen Teil verwirklicht. Die Markscheider Matthias Öder und sein Vetter Balthasar Zimmermann haben unter diesen Kurfürsten das Land aufwändig mit Kette, Kompass sowie Quadranten ausgemessen.

Ein Messwagen wurde nochmals benötigt, als über 100 Jahre später Friedrich Zürner eine neue Karte anfertigte. Er benutzte dazu allerdings ein verbessertes Gefährt, das er vornehmlich auf den Straßen und Wegen der Postkutschen einsetzte, damit aufgrund der erzielten Ergebnisse die oftmals falsch stehenden Meilensäulen korrigiert werden konnten. Den neuen Messungen lag als Grundmaß die Rute (4,53 m) zugrunde, was dem Umfang seines Messrades entsprach. Und weil vermutet wurde, dass Zürner auf die Berechnungen von Valentin Thau zurückgegriffen habe, könnten die Messkarren von Thau schon diesen Radumfang besessen haben.

Göpelwerk, 16. Jahrhundert

Verwendete Quellen und Literatur (Auswahl)

Arnold, Paul: Die Münzstätte Annaberg im 16. Jh., in: Münzausstellung 5.–16.10.1980. Museum für Geschichte der Stadt Dresden – Landhaus, hg. v. Kulturbund der Deutschen Demokratischen Republik, o.O. u. J. [Dresden 1980], S. 7–31.

Aufbruch mit Tradition. Festschrift zum 500jährigen Jubiläum der Gründung der Stadt Annaberg. 1496–1996, hg. von Manfred Riesche, Annaberg-Buchholz 1996.

Brathuhn, Otto: Lehrbuch der praktischen Markscheidekunst, Leipzig 1864.

Frohnauer Hammer, hg. v. Rat des Kreises Annaberg, Annaberg-Buchholz o. J. (1966).

Gilomen, Hans-Jörg: Wirtschaftsgeschichte des Mittelalters, München 2014.

Lorenz, Wolfgang/Gehler, Georg: Mühlen und Müller im oberen Erzgebirge, hg. v. Arbeitskreis Annaberg-Buchholzer Heimatforscher (Streifzüge durch die Geschichte des oberen Erzgebirges, H. 10), Annaberg-Buchholz o. J. (1997).

Sächsische Landes- und Universitätsbibliothek Dresden: [Handschrift] B 140: Mathematica, Mechanica et Geographica.

Popplow, Marcus: Technik im Mittelalter, München 2010.

Rüdiger, Bernd: Philipp Wagners Bericht über die große Wasserflut im Annaberger Land 1565 und den Lebensretter Paul Ries (Quellen zur Orts- und Familiengeschichte des Erzgebirges, hg. v. Adam-Ries-Bund e. V. Annaberg-Buchholz), Annaberg-Buchholz 2015.

Schreiter, Bernd: Das Heimatbuch vom Frohnauer Hammer. Einst Getreidemühle, ab 1621 Hammerwerk, seit 1909 Gasthaus und Museum, Annaberg-Buchholz 2016.

Weißflog, Egon: Sächsische Wasserkunst in der zweiten Hälfte des 16. Jahrhunderts, in: Jahrbuch des Adam-Ries-Bundes 2021, Annaberg-Buchholz 2021, S. 51–59.

Weißflog, Egon: Die Messwagen des Kurfürsten August, in: Jahrbuch des Adam-Ries-Bundes 2020, Annaberg-Buchholz 2020, S. 59–64.

Weißflog, Egon: Die Bergwaage des Abraham Ries, in: Jahrbuch des Adam-Ries-Bundes 2014, Annaberg-Buchholz 2014, S. 75–88.

Abbildungsnachweis

Georgius Agricola: De re metallica, Basel 1556, S. 223: 2; ebd., S. 28: 15 unten.
Georgius Agricola: Bergwerck Buch, 6. Buch, Frankfurt a. M. 1580, S. cxxxviij: 9; ebd., S. cxxxvij: 51; ebd., S. cxij: 47; ebd., S. clviij: 92; ders.: Bergwerck Buch, 5. Buch, S. xciiij: 67.
Das Erzgebirge im Winter: Bunte Bilder aus dem Sachsenlande, I. Bd., [10]1905, S. 285: 10.
Levinus Hulsius: Theoria Et Praxis Quadrantis Geometrici […], Nürnberg 1594: 13.
Otto Brathuhn: Markscheidekunst, Leipzig 1864: 15 oben.
Sammlung Ralf Horn, Markranstädt: 18.
EB Drachenhöhle, Syrau: 23.
Bernd Rüdiger, 2014: 25.
Sammlung Manfred Weidauer, Sömmerda: 28.
Buchholz 1628: Christian Meltzer: Historische Beschreibung, neben S. 381: 30.
Adam-Ries-Bund, Jörg Petzold, 2015: 32.
Album der sächsischen Rittergüter und Schlösser, IV. Section, Erzgebirgischer Kreis, nach der Natur neu aufgenommen von F. Heise […] Mit historisch-statistisch und topographisch. bearb. Text hg. von G. A. Poenicke, Leipzig 1856, S. 120: 33.
Privat, im Besitz von Peter Meyer: 34.
Friedrich Wilhelm Köhler: Historische Nachrichten von der chursächsischen alten freyen Bergstadt Wolkenstein im meißnischen Obererzgebürge, Schneeberg 1781, Vorsatzblatt: 36.
Philipp Wagner: Newe Zeittung: Warhafftige Beschreybung des grossen schröcklichen Gewessers […], Nürnberg 1565: 38.

Heronis Alexandrini: Von Lufftt = und Wasser = Künsten, Bamberg 1688, S. 7: 26; ebd., S. 35: 21, 40.
Johann Gottlieb Kern: Bericht vom Bergbau, Leipzig 1772, Tafel 12, 1. Fig: 49.
Konrad Sturmhoefel: Illustrierte Geschichte der sächsischen Lande und ihrer Herrscher, Bd. 2, Leipzig 1898, S. 81: 55.
Andreas Böhm: Gründliche Anleitung zur Meßkunst auf dem Felde, Frankfurt a. M./Leipzig 1779, Anhang Tafel XXIII: 68.
Paul Pinzing: Methodus Geometrica, Nürnberg 1598, nach S. 36: 78; ebd., S. 295: 74.
Vitruvausgabe des Frater Jocundus, Venedig 1511: 75.
Levinus Hulsius: Erster Tractat der mechanischen Instrumente, Frankfurt a. M. 1604: 76.
Staatliche Kunstsammlungen Dresden, Mathematisch-Physikalischer Salon: 80, 81, 84, 89; ebd., Fotograf: Jürgen Karpinski: Schutzumschlag, 85, 86; ebd., Fotograf: Max Engelmann: 59, 61, 63.
GRASSI-Museum für angewandte Kunst Leipzig, Inv.-Nr. V 443, Fotografie um 1927: 82.